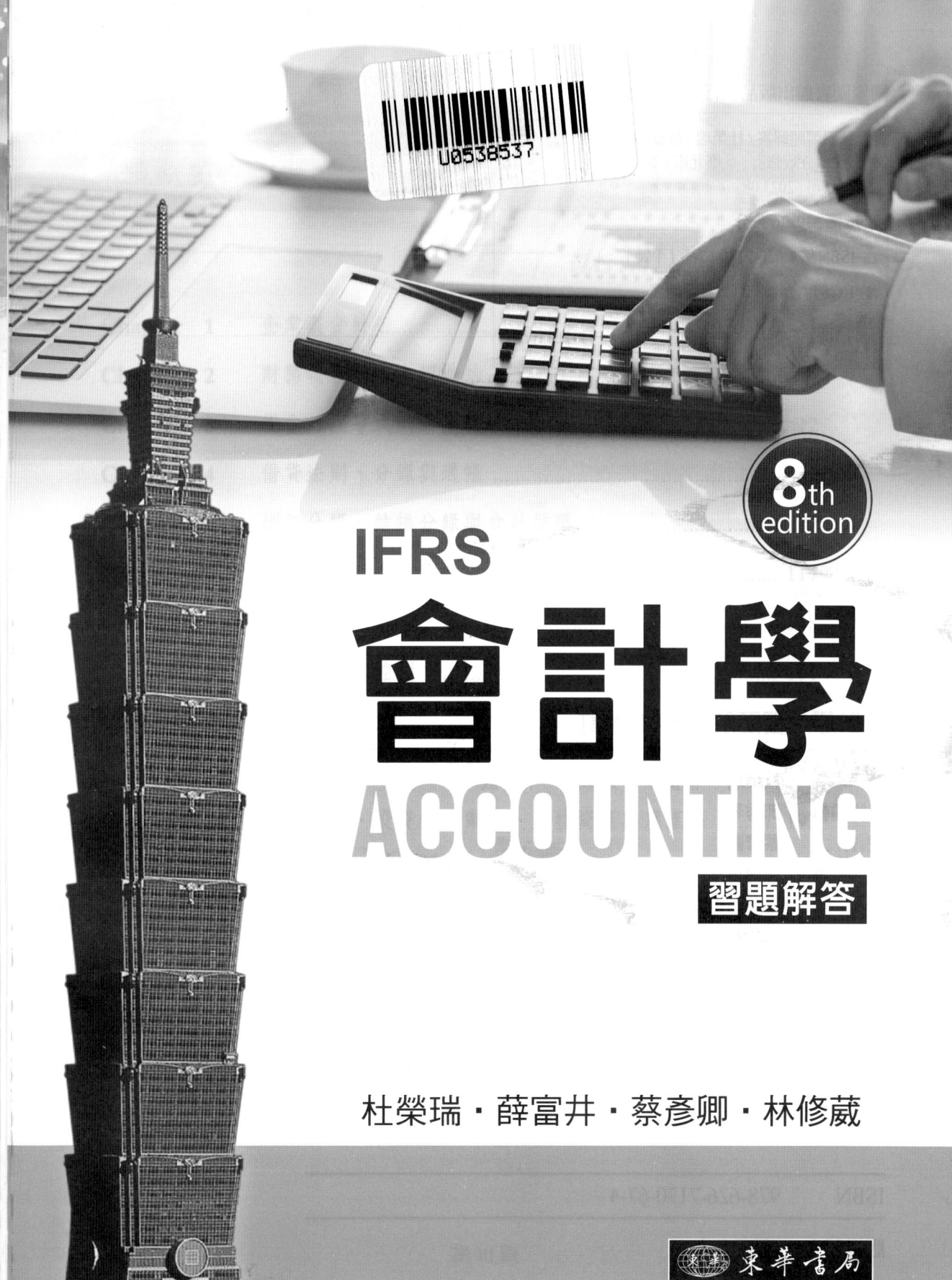

6. 會計提供的功能包括：

(1) 衡量與記錄每位利害關係人對企業的投入或貢獻。

(2) 衡量與記錄每位利害關係人對企業的請求權。

(3) 協助企業經理人從事各生產要素的配置決策與控制。

(4) 溝通上述資訊，促進各生產要素在市場的流動。

(5) 協助維持各利害關係人間的平衡或控制狀態。

其中第一項與第二項提到的會計功能較注重每個利害關係人的盡責程度及請求權。由於經理人對於企業的經營負有責任，透過財務報表，其他的利害關係人，尤其是股東，得以評估與監視經理人的績效，並進而決定給予經理人的獎酬，或是否留任經理人。這種財務報表的功能或角色，稱之為「家管」（stewardship）。

7. 會計提供的功能包括：

(1) 衡量與記錄每位利害關係人對企業的投入或貢獻。

(2) 衡量與記錄每位利害關係人對企業的請求權。

(3) 協助企業經理人從事各生產要素的配置決策與控制。

(4) 溝通上述資訊，促進各生產要素在市場的流動。

(5) 協助維持各利害關係人間的平衡或控制狀態。

上述第四與第五項提到的會計功能則注重既有的利害關係人與潛在的利害關係人藉由財務報表評估企業的價值，進一步作成決策，包括繼續持有或出售原有投資或債權。這種財務報表的功能或角色稱為評價（valuation）。

8. 美國管理會計人員協會所訂的最高倫理原則包括：誠實、公正、客觀及負責。

9. 評價牽涉對評價標的未來現金流量與折現率的估計，有相當程度的不確定性及主觀裁量；若該評價標的沒有活絡市場的市價可供佐證，則評價的結果端視企業經理人的能力與操守。若不僅守職業道德，只為了達到某一業績目標以圖個人獎酬，將作出不當的評價。

選擇題

1. (A)　　　　**2.** (D)　　　　**3.** (D)

4. (C)　　　　**5.** (B)　800 萬股 × 面額（每股 $10）= 8,000 萬元

6. (A)　1,000 萬元 × 利率 5% = 50 萬元　　　7. (D)
8. (A)　　　　　　　9. (D)　　　　　　　10. (D)
11. (C)　　　　　　12. (C)

應用問題

1. 根據公開資訊觀測站所揭示之資訊（均以民國 108 年度母公司財報之年報為準），
   統一超商民國 108 年之營業額 = $ 2,585 億
   全家便利商店民國 108 年之營業額 = $ 777 億

2. 見證券交易法第 20 條、第 20-1 條、第 37 條、第 174 條及第 178 條。

3. (1) 喬治期待自台新銀行得到消費金額方面的資金融通。
   (2) 台新銀行期待自喬治得到利息收入。
   (3) 當喬治不按期支付利息，或台新銀行要求過高的利率時。

4. 卡神刷中國信託信用卡消費後，有權向中國信託要求以消費累積的紅利兌換物品，中國信託的會計人員依刷卡消費數與過去經驗估列物品費用，除了衡量並記錄卡神對中國信託的物品兌換請求權外，這些費用的資訊可協助中國信託的經理人進行決策，也可讓中國信託的股東與債權人了解相關的營業成本。

5. 若以該年度股票收盤價計算，經理人的員工分紅金額總數為
   30 (人) × 30 (張) × 1,000 (股) × 180 (元) = 162,000,000 (元)

6. (1) 由於發行公司定期於每年 1 月 1 日與 7 月 1 日支付債權人利息，故依林志伶所持有之面額計算，可獲得
   70 萬 × 5% × 6/12 = 17,500 (元)
   (2) 由於林志伶購買該債券之日期為 3 月 1 日，故至 7 月 1 日止，實際持有期間僅 4 個月，因此實際的利息收入為
   70 萬 × 5% × 4/12 = 11,667 (元)

7. 就這個例題言，同樣金額與同樣期間，不同理財標的的報酬不同，且以投資股票較高；但一般而言，投資股票的風險較定期存款為高。
   本題中的利率 = 8,000 ÷ 1,000,000 = 0.8%
   殖利率 = 40,000 ÷ 1,000,000 = 4%

會計達人

1. 債權人的請求權是債息與本金的支付。在債務契約的保護之下，債權人可以定期獲有利息，並在債務契約到期日時收回本金。當公司無法履行支付利息或償還本金的義務時，債權人可以根據所訂定的債務契約，以抵押或擔保等其他債務保全方式，實現債務的清償。

　　股東對於公司的請求，在金錢方面，主要為股利與剩餘財產分配請求權。當公司有盈餘時，通常會發放股利；公司清算時，處分資產、清償債務後有剩餘，乃將剩餘財產分配發還給股東，此即股東之剩餘財產分配請求權。

　　股東對公司的請求權順位排在債權人之後。公司舉借資金以增加公司營業收入，對於股東而言，並非絕對有利，若因此而負擔的利息費用過高，可能侵蝕經營所得的利潤。當總資產報酬率大於舉債的資金成本率時，舉債對股東是有利的。反之，在市場景氣不佳，總資產報酬率低於舉債利率情況下，舉債反而侵蝕了部分股東的報酬。債權人為了保護自己的利益，有時會在契約中限制股利的發放金額，避免股東獲配過多股利，致使公司欠缺現金付息或還本。

（關於進一步的討論，讀者請參考「財務管理」方面的書籍。）

2. 假設選定的組織為「公司」

當事人	投入組織的資源	自組織中所收受的資源
經理人	技能	薪資、紅利獎金與福利
股東	權益資金	股利、剩餘價值
債權人	債權資金	利息、本金

3. (1) 本小題請讀者自行在報章雜誌上蒐集相關資訊，或可上公開資訊觀測站，在「重大訊息」頁面，選取「重大訊息主旨全文檢索」，在檢索欄位內輸入「博達」，即可得到相關之資訊。

   (2) 會計的功能之一乃在於維持各利害關係人間的平衡或控制狀態。然而，若會計記錄的不實或財務報表的陳述有誤的話，不但會扭曲公司的經營現狀、影響利害關係人對於公司的決策判斷，甚至會使某一利害關係人侵犯了其他利害關係人之權益，造成利害關係人間的狀態失衡。

就本題而言，博達科技因經理人員從事財務報表的舞弊，導致公司股票下市，對於利害關係人之影響如下：

◆ 就股東言，股東無法在流通的市場變賣股票，因此手中的股票形同廢紙一張，只能以集體訴訟向經理人或董事求償，並等待司法判決。股東失去的不只是對公司股利的請求權，甚至在公司清算之後，因剩餘價值可能為零，也連帶喪失了剩餘價值請求權行使的權利。

◆ 對債權人言，由於博達在聲請重整之際，已無力償還借款，因此債權人可能損失了對於本金與利息的求償權利，只能靜待清算程序拿回部分本金／利息。

◆ 至於對上游的供應商言，博達科技所積欠的貨款可能無力償還，供應商除了無法行使現金的請求權外，可能要認列一筆呆帳損失。

◆ 對於下游顧客而言，博達科技可能無法履行合約所訂的期限如期交貨，若顧客已支付訂金，則可能無法收回該金額；而因未能如期交貨所造成的後續生產損失也可能發生。

◆ 對政府言之，不但無法收到租稅的收入，反而要付出人力與物力調查此一事件之始末，以釐清案情並還原真相進而裁定責任之歸屬。

◆ 至於外部審計人員，則可能因為審計失敗，而影響專業上的聲譽，甚至被主管機關加以處罰，不但喪失對公司的公費請求權，連帶可能因未盡專業上應有之注意而受到相關法律之懲處，並且有民事上的賠償責任。

◆ 最後，因為經理人的瀆職，經理人自己不但喪失對於公司的薪資、紅利獎金等請求權，並連帶負民事賠償與刑事處分之法律責任。

本書中並未討論承銷商與企業間之關係。然就實務上言，承銷商輔導企業上市上櫃，可說是企業上市（櫃）的幕後推手；因承銷商相對於市場投資人或潛在股東言，更了解企業之實質營運狀況，實乃企業上市（櫃）的第一道關卡，故若承銷商在公開說明書（初次上市、上櫃的必要文件）中陳述不實或有誤之資料而致使投資人受到損失，將會違反證券交易法之規定，而與企業連帶負起損害賠償之責任。博達事件中，承銷商經調查後因有疏失，故列名被告，連帶負有損害賠償的責任。在民國94年3月18日，元大京華、富邦、華南永昌及金鼎等四家證券商與財團法人證券投資人及期貨交易人保護中心（以下簡稱保護中心）達成訴訟之和解，共計賠償了 7,810.3 萬元。有興趣的讀者可以上保護中心的網站

（http://www.sfipc.org.tw/main.asp），搜尋保護中心代為訴訟、請求民事賠償之始末。

　　簡而言之，博達事件說明了若某一利害關係人打破了如圖1-1的均衡情況時，影響的不只是單一利害關係人，而是涉及全部關係人與公司本身。會計無法發揮其制衡的功能，乃因公司經理人之操守與外部審計人員之專業能力有瑕疵，是以無法提供允當的財務報表，使會計無法發揮應有之監督功能。

4. (1) 財務報表須經外部審計人員查核簽證，由獨立的會計師提供專業意見與合理確信，降低經理人員與股東之間的資訊不對稱。

(2) A. 倚賴會計師的職業道德：對外部審計人員而言，遵守獨立性格外重要，一旦聲譽受到弊案影響，將失去投資大眾對他的信任，再也無法提供審計服務。

B. 法律上對於簽證會計師責任的規定：基於維持公平繁榮的資本市場，證券交易法及會計師法對會計師課以重責，希望藉此降低會計師與企業經理人勾結的誘因，使投資人的權益受到保護。

Chapter 2
財務報表的基本認識

問答題

1. 財務報表一般包括：
   (1) 資產負債表　　　　(2) 綜合損益表
   (3) 權益變動表　　　　(4) 現金流量表
   這些報表的附表及附註揭露均是財務報表的一部分。

2. 會計假設有：
   (1) 企業個體假設　　(2) 繼續經營假設　　(3) 貨幣單位衡量假設
   (4) 幣值不變假設　　(5) 會計期間假設

3. 若會計基礎採用現金基礎，則所有營業活動的收入與費用認列與否，端視企業是否收付現金而定。反之，應計（權責發生）基礎則強調交易及其他事項之影響應於發生時予以辨認、記錄與報導。

4. 一般公認會計原則係指由權威團體所制定發布，而為大家遵守的會計處理方式，包括認列、衡量、表達以及揭露方式之規定。

5. 相對於原則式準則，規則式準則較多細節規定、較為繁複、較多釋例與指引，也較多「界線」規定。規則式準則的好處是明確以及裁決空間較小，但它的缺點則是複雜，而且可能引導企業經理人規避對企業「不利」的會計處理。原則式準則不會有許多的釋例以及界線規定，因此在原則式準則下，會計人員與會計師，甚至主管機關皆應善用專業判斷並充實專業知識。國際財務報導準則 (IFRS) 被認為是傾向原則式，而美國的 GAAP 則為規則式的準則。

6. 由國際會計準則理事會（IASB）所訂定的會計準則為全世界大多數國家與之接軌或採用的對象。

Chapter 3
從會計恆等式到財務報表

問答題

1. 資產＝負債＋權益（或：資產－負債＝權益）
2. 收入減費用
3. 本期股東投資＋收益－費損
4. 綜合損益表、權益變動表、資產負債表
5. 綜合損益表的「本期淨利」（或「本期淨損」）與資產負債表的「保留盈餘」有密切關聯，若是獲有淨利的話，前者將使後者的餘額增加；反之，若蒙受損失將使保留盈餘的餘額減少。
6. 當企業在一會計期間獲利時，會增加保留盈餘；反之則減少保留盈餘。另外，若在該期間，企業決定發放股利，會使得保留盈餘的餘額變少。

選擇題

1. (C)	2. (D)	3. (A)
4. (B)	5. (B)	6. (B)
7. (B)	8. (A)	9. (C)
10. (A)	11. (B)	12. (C)

練習題

1. 公司已支付現金購買電腦設備，因此公司未來並無支付現金之義務，所以不計入負債項目。

2. 公司之現金不變，公司之總資產增加 $20,000，公司之應付帳款增加 $20,000，而公司之總負債增加 $20,000。

3. 原積欠電腦公司 $100,000 中，還款 $70,000，表示動畫設計公司資產中現金減少 $70,000，但同時負債（欠電腦公司的錢）也減少 $70,000。

4. 公司之現金增加 $10,000，公司之應收帳款增加 $40,000，公司之總資產增加 $50,000，公司之權益增加 $50,000。

5. (1) 編製「試算表」；(2) 試算表中之收益與費損的金額可用以編製「綜合損益表」；(3) 綜合損益表計算而得的本期損益可將試算表改編為「結算損益後試算表」；(4) 利用結算損益後試算表中的期初權益、本期股東投資與本期損益等三個數字，編製「權益變動表」；(5) 以期末資產等於期末負債加上期末權益的方式，編製「資產負債表」。

6. (1) 甲企業
- ×1/12/31 之權益金額 = $98,000 – $27,000 = $71,000。
- ×2/12/31 之權益金額 = $71,000 + $11,000 + $9,500 = $91,500。
- ×2/12/31 之負債金額 = $101,000 – $91,500 = $9,500。

(2) 乙企業
- ×1/12/31 之權益金額 = $50,000 – $11,500 = $38,500。
- ×2/12/31 之權益金額 = $65,000 – $16,500 = $48,500。
- ×2 年度之淨利金額 = $48,500 – $38,500 – $4,500 = $5,500。

(3) 丙企業
- ×2/12/31 之資產金額
  = [($72,000 – $21,000) + ($5,000 + $11,750)] + $33,000
  = $100,750。

(4) 丁企業
- ×2 年中之股東投資金額
  = ($145,000 – $34,000) – ($131,000 – $75,000) – $17,000
  = $38,000。

(5) 戊企業
- ×1/12/31 之負債金額
  = $109,000 – [($120,000 – $60,000) – ($6,500 + $20,000)]

= $75,500。

應用問題

1. (1) 年初負債總額 = $64,000 − $42,000 = $22,000
   年底權益 = ($64,000 + $250,000) − $30,000 = $284,000

   (2) 年底資產總額 = $42,000 + $38,000 = $80,000
   年初資產總額 = $80,000 − $7,000 = $73,000
   年初權益 = $73,000 − ($42,000 + $9,000) = $22,000

   (3) ×1 年底權益 = $680,000 − $200,000 = $480,000
   ×1 年中權益增加 = $200,000 + $720,000 − $640,000 = $280,000
   ×1 年初權益 = $480,000 − $280,000 = $200,000
   ×1 年初資產總額 = $200,000 + $70,000 = $270,000

2. (1) 資產增加，權益增加
   (2) 不變 [非現金資產增加，現金 (資產) 減少]
   (3) 資產增加 (非現金資產增加，現金減少)，負債增加
   (4) 資產增加，負債增加
   (5) 資產增加，收益增加 (權益增加)
   (6) 資產減少，負債減少
   (7) 不變 [現金 (資產) 增加，應收帳款 (資產) 減少]
   (8) 資產減少，費用增加 (權益減少)
   (9) 資產減少，權益減少
   (10) 費用增加 (權益減少)，負債增加
   (11) 資產減少，負債減少
   (12) 資產增加，權益增加

3. (1) 賒購辦公設備   (2) 償還應付帳款
   (3) 簽發票據支付交際費   (4) 支付水電費用
   (5) 對客戶提供勞務服務並收取現金 (6) 應收帳款收現
   (7) 股東投入資金為公司清償負債   (8) 股東投入資金

4. (1) 應收帳款收現 $3,000
   (2) 購買電腦設備 $5,000，付現金 $2,000，欠款 $3,000
   (3) 出售商品收入 $2,500，收現 $500，$2,000 尚未收現
   (4) 支付應付帳款 $1,500
   (5) 購買土地 $6,000
   (6) 以 $5,000 處分土地，其中 $3,000 收現，$2,000 日後再收取
   (7) 出售商品收入 $5,000 或股東投入 $5,000 資金
   (8) 出售商品收入 $4,000，尚未收現

5. 期末權益 = 期初權益 + 營業損益 + 股東增資 − 股東提取
   (1) ×1 年初權益 = $1,920,000 − $1,200,000 = $720,000
       ×1 年底權益 = $2,480,000 − $1,400,000 = $1,080,000
       ×1 年營業損益 = $1,080,000 − $720,000 = $360,000
   (2) $360,000 + $100,000 = $460,000
   (3) $360,000 − $300,000 = $60,000
   (4) $360,000 − $240,000 + $38,000 = $158,000

6.

嬌生企業
試算表
×1 年 3 月 31 日

現金	$ 4,000	應付帳款	$11,000
應收帳款	1,500	股本（期初）	30,000
辦公用品	1,700	保留盈餘（期初）	3,800
廠房及設備	41,500	服務收入	9,650
薪資費用	4,500		
水電費用	1,250		
餘額	$54,450	餘額	$54,450

嬌生企業
綜合損益表
×1年1月1日至3月31日

服務收入		$9,650
費用：		
水電費用	$1,250	
薪資費用	4,500	
費用總額		(5,750)
本期淨利		$3,900
其他綜合損益		0
本期綜合損益總額		$3,900

本題假設期初權益中，股本 $30,000，保留盈餘 $3,800。

嬌生企業
權益變動表
×1年1月1日至3月31日

	股本	保留盈餘	權益合計
期初權益	$30,000	$3,800	$33,800
加：股東投資	—	—	—
本期淨利	—	3,900	3,900
期末權益	$30,000	$7,700	$37,700

嬌生企業
資產負債表
×1年3月31日

現金	$ 4,000	應付帳款	$11,000
應收帳款	1,500	股本	30,000
辦公用品	1,700	保留盈餘	7,700
廠房及設備	41,500		
資產總額	$48,700	負債及權益總額	$48,700

7.

地瓜藤 綜合損益表 ×1年1月1日至12月31日	
服務收入	$274,040
租金費用	(24,000)
水電費用	(88,000)
薪資費用	(94,000)
雜項費用	(7,600)
土地稅費用	(3,600)
本期淨利	$56,840
其他綜合損益	0
本期綜合損益總額	$56,840

8.

(百萬元)	108年	107年
資產	$ 8,099	$ 7,831
負債	2,963	2,925
權益	5,136	4,906
淨利	233	131
綜合損益	311	33

會計達人

1. (1) a.

	資產				=	負債	+	權益		
	現金	+應收帳款	+醫療設備	+醫療用品	=	應付帳款	+	股本	+保留盈餘	說明
餘額	$0	$0	$0	$0	=	$0		$0	$0	
(1)	+105,000				=			+105,000		股東投資
(2)	−15,000		+75,000		=	+60,000				
(3)	−13,500			+13,500	=					
(4)		+54,000			=				+54,000	收入
(5)	+13,000				=				+13,000	收入
(6)	+9,000	−9,000			=					
期末餘額	$98,500	+$45,000	+$75,000	+$13,500	=	$60,000	+	$105,000	+$67,000	
	$232,000					$232,000				

(1) b.

	資產				=	負債	+	權益	
	現金	+應收帳款	+醫療設備	+醫療用品	=	應付帳款	+	股本	+ 收入
餘額	$0	$0	$0	$0	=	$0		$0	$0
(1)	+105,000				=			+105,000	
(2)	−15,000		+75,000		=	+60,000			
(3)	−13,500			+13,500	=				
(4)		+54,000			=				+54,000
(5)	+13,000				=				+13,000
(6)	+9,000	−9,000			=				
期末餘額	$98,500	+$45,000	+$75,000	+$13,500	=	$60,000	+	$105,000	+$67,000
	$232,000					$232,000			

(2)

林靚云美容醫療中心
綜合損益表
×1 年 3 月 1 日至 3 月 31 日

服務收入	$ 67,000
本期淨利	$ 67,000
其他綜合損益	0
本期綜合損益總額	$ 67,000

林靚云美容醫療中心
權益變動表
×1 年 3 月 1 日至 3 月 31 日

	股本	保留盈餘	權益合計
期初權益	$ 0	$ 0	$ 0
加：股東投資	105,000	—	105,000
本期淨利	—	67,000	67,000
期末權益	$105,000	$67,000	$172,000

林靚云美容醫療中心
資產負債表
×1 年 3 月 31 日

現金	$ 98,500	應付帳款	$ 60,000
應收帳款	45,000	股本	105,000
醫療用品	13,500	保留盈餘	67,000
醫療設備	75,000		
資產總額	$232,000	負債及權益總額	$232,000

(3)

丹丹寵物美容公司
綜合損益表
××年×月×日至×月×日

服務收入		$ 3,300
費用：		
租金費用	$1,100	
水電費用	750	
薪資費用	500	
費用總額		(2,350)
本期淨利		$ 950
其他綜合損益		0
本期綜合損益總額		$ 950

丹丹寵物美容公司
權益變動表
××年×月×日至×月×日

	股本	保留盈餘	權益合計
期初權益	$ 0	$ 0	$ 0
加：股東投資	13,000	—	13,000
本期淨利	—	950	950
期末權益	$13,000	$950	$13,950

丹丹寵物美容公司
資產負債表
××年×月×日

現金	$ 7,850	股本	$13,000
應收帳款	1,000	保留盈餘	950
美容用具	600		
美容設備	4,500		
資產總額	$13,950	負債與權益總額	$13,950

第 22 頁

3.
(1) a.

		資產				=	負債	+		權益		
	現金	+ 應收帳款	+ 辦公用品	+ 辦公設備	+ 電子設備	=	應付帳款	+	股本	+	保留盈餘	說明
8/1 餘額	$0	$0	$0	$0	$0	=	$0		$0		$0	
(1)	+715,000					=			+715,000			股東投資
(2)	−13,000					=					−13,000	費用
(3)	−72,000				+195,000	=	+123,000					
(4)	+18,000					=					+18,000	收入
(5)	−12,500		+12,500			=						
(6)				+50,300		=	+50,300					
(7)		+90,000				=					+90,000	收入
(8)		+14,400				=					+14,400	收入
(9)	−50,300					=	−50,300					
(10)			+4,500			=	+4,500					
(11)	+51,000	−51,000				=						
(12)	−19,000					=					−19,000	費用
(13)	−6,600					=					−6,600	費用
8/31 餘額	$610,600 +	$53,400 +	$17,000 +	$50,300 +	$195,000	=	$127,500	+	$715,000	+	$83,800	
			$926,300						$926,300			

(1) b.

	資產						=	負債	+	權益					
	現金	+ 應收帳款	+ 辦公用品	+ 電子設備			=	應付帳款	+	股本	+	收入	− 租金費用	− 薪資費用	− 水電費用
8/1 餘額	$0	$0	$0	$0			=	$0	+	$0	+	$0	− $0	− $0	− $0
(1)	+715,000						=			+715,000					
(2)	−13,000						=						−13,000		
(3)	−72,000			+195,000			=	+123,000							
(4)	+18,000						=					+18,000			
(5)	−12,500		+12,500				=								
(6)				+50,300			=	+50,300							
(7)		+90,000					=					+90,000			
(8)		+14,400					=					+14,400			
(9)	−50,300						=	−50,300							
(10)			+4,500				=	+4,500							
(11)	+51,000	−51,000					=								
(12)	−19,000						=							−19,000	
(13)	−6,600						=								−6,600
8/31 餘額	$610,600	+ $53,400	+ $17,000	+ $195,000			=	$127,500	+	$715,000	+	$122,400	− $13,000	− $19,000	− $6,600
	$926,300										$926,300				

(2)

金鋒電子企業
綜合損益表
×1 年 8 月 1 日至 8 月 31 日

收入		$122,400
費用：		
租金費用	$13,000	
薪資費用	19,000	
水電費用	6,600	
費用總額		(38,600)
本期淨利		$ 83,800
其他綜合損益		0
本期綜合損益總額		$ 83,800

金鋒電子企業
權益變動表
×1 年 8 月 1 日至 8 月 31 日

	股本	保留盈餘	權益合計
期初權益	$ 0	$ 0	$ 0
加：股東投資	715,000	—	715,000
本期淨利	—	83,800	83,800
期末權益	$715,000	$83,800	$798,800

金鋒電子企業
資產負債表
×1 年 8 月 31 日

資產		負債及權益	
現金	$610,600	應付帳款	$127,500
應收帳款	53,400	股本	715,000
辦公用品	17,000	保留盈餘	83,800
辦公設備	50,300		
電子設備	195,000		
資產總額	$926,300	負債與權益總額	$926,300

(3) 權益報酬率 = $83,800 / [($715,000 + $798,800)/2] × 100% = 11.07%

是，依表 3-4 編製新的表只是把費用放到恆等式左邊記錄，所有資訊仍然相同。

(3)

茂貴工程企業
試算表
10 月 1 日至 10 月 31 日

現金	$380,200	應付帳款	$ 31,200
應收帳款	14,500	期初權益	0
辦公用品	7,400	本期股東投資	208,000
辦公設備	6,400	收入	212,300
工程設備	30,000		
租金費用	2,300		
薪資費用	9,500		
水電費用	1,200		
餘額	$451,500	餘額	$451,500

茂貴工程企業
綜合損益表
10 月 1 日至 10 月 31 日

收入		$212,300
費用：		
租金費用	$2,300	
薪資費用	9,500	
水電費用	1,200	
費用總額		(13,000)
本期淨利		$199,300
其他綜合損益		0
本期綜合損益總額		$199,300

茂貴工程企業
結算損益後試算表
10 月 1 日至 10 月 31 日

現金	$380,200	應付帳款	$ 31,200
應收帳款	14,500	期初權益	0
辦公用品	7,400	本期股東投資	208,000
辦公設備	6,400	本期淨利	199,300
工程設備	30,000		
餘額	$438,500	餘額	$438,500

茂貴工程企業
權益變動表
10 月 1 日至 10 月 31 日

	股本	保留盈餘	權益合計
期初權益	$ 0	$ 0	$ 0
加：股東投資	208,000	—	208,000
本期淨利	—	199,300	199,300
期末權益	$208,000	$199,300	$407,300

茂貴工程企業
資產負債表
10 月 31 日

現金	$380,200	應付帳款	$ 31,200
應收帳款	14,500	股本	208,000
辦公用品	7,400	保留盈餘	199,300
辦公設備	6,400		
工程設備	30,000		
資產總額	$438,500	負債及權益總額	$438,500

5. (1)

全家便利快捷企業
試算表
×1年12月31日

現　金	$ 93,500	應付帳款	$ 8,000
應收帳款	30,000	股本（期初）	10,000
辦公用品	12,000	保留盈餘（期初）	3,000
租金費用	12,000	服務收入	181,000
水電費用	1,000		
燃料費用	18,000		
薪資費用	32,000		
保險費用	3,500		
餘額	$202,000	餘額	$202,000

(2)

全家便利快捷企業
綜合損益表
×1年1月1日至12月31日

服務收入		$181,000
費用：		
租金費用	$12,000	
水電費用	1,000	
燃料費用	18,000	
薪資費用	32,000	
保險費用	3,500	
費用總額		(66,500)
本期淨利		$114,500
其他綜合損益		0
本期綜合損益總額		$114,500

(3)

全家便利快捷企業
結算後試算表
×1年12月31日

現　金	$ 93,500	應付帳款	$ 8,000
應收帳款	30,000	股本（期初）	10,000
辦公用品	12,000	保留盈餘（期初）	3,000
		本期淨利	114,500
餘額	$135,500	餘額	$135,500

(4) 本題假設期初權益中，股本 $10,000，保留盈餘 $3,000。

全家便利快捷企業
權益變動表
×1 年 1 月 1 日至 12 月 31 日

	股本	保留盈餘	權益合計
期初權益	$10,000	$ 3,000	$ 13,000
加：股東投資	—	—	—
本期淨利	—	114,500	114,500
期末權益	$10,000	$117,500	$127,500

(5)

全家便利快捷企業
資產負債表
×1 年 12 月 31 日

現金	$ 93,500	應付帳款	$ 8,000
應收帳款	30,000	股本	10,000
辦公用品	12,000	保留盈餘	117,500
資產總額	$135,500	負債及權益總額	$135,500

Chapter 4
借貸法則、分錄與過帳

問答題

1. 資產與費損類的項目增加時,應將增加金額記載在會計帳戶的借方(左方),則資產與費損類的項目正常餘額即在借方。負債、權益與收益類項目增加時,應將增加金額記載在會計帳戶的貸方(右方),則負債、權益與收益類的項目正常餘額即在貸方。

2. 通常一筆會計分錄包括交易日期、借方項目、借方金額、貸方項目、貸方金額以及簡要說明。

3. 過帳即是將日記簿中的資產、負債與權益項目的增減變化由日記簿抄到分類帳中,過完帳就可以知道每一個會計項目(例如現金)餘額是多少。

    過帳程序如下:
    (1) 將日記簿日期及借方金額寫入分類帳相同項目的日期欄及借方金額欄,並且計算餘額欄的數字;
    (2) 再將日記簿會計分錄記錄之日期及貸方金額寫入分類帳相同項目的日期欄及貸方金額欄,並且計算餘額欄的數字;
    (3) 在分類帳索引欄寫入日記簿的頁碼;
    (4) 再回到日記簿的索引欄,將借方索引欄寫入相關分類帳頁碼;在貸方索引欄寫入相關分類帳頁碼。

4. 因為企業每天可能有許多日記簿上的記錄需要過帳,如果有任何錯誤欲查詢哪一個交易記錄有誤時,可以藉由索引欄追蹤交易記錄的來源與去處。

5. 會計項目編號的原則，大致上係以資產、負債、權益、收益與費損的順序編號，例如資產 1××××、負債 2××××、權益 3××××、收益 4×××× 與費損 5 ××××，企業需要幾個位數編號端視其業務之複雜度而定。

選擇題

1. (D)　　　　2. (A)　　　　3. (C)
4. (D)　　　　5. (A)　　　　6. (B)
7. (C)　　　　8. (A)　　　　9. (D)
10. (A)　　　11. (B)

練習題

1.

		帳戶分類	正常餘額
(1)	辦公用品	A	Dr.
(2)	應付票據	L	Cr.
(3)	服務收入	R	Cr.
(4)	股本	E	Cr.
(5)	應付帳款	L	Cr.
(6)	薪資費用	E	Dr.
(7)	設備	A	Dr.
(8)	應收帳款	A	Dr.
(9)	預付保險費	A	Dr.
(10)	應收票據	A	Dr.

2.

	敘　述	借方或貸方
(1)	薪資費用之增加	借方
(2)	應付帳款之減少	借方
(3)	本期股本之增加	貸方
(4)	預付保險費之增加	借方
(5)	辦公用品之減少	貸方
(6)	電腦設備之增加	借方
(7)	服務收入之增加	貸方
(8)	應收帳款之減少	貸方
(9)	租金費用之增加	借方
(10)	儲藏設備之減少	貸方

3.

分類	交易事項									
	(1)	(2)	(3)	(4)	(5)	(6)	(7)	(8)	(9)	(10)
資產	借	借貸	貸	借	貸	借	貸	借貸	借	借
負債				貸		貸	借			
權益	貸									
收入									貸	貸
費用				借		借				

第 34 頁

4.

日期	會計項目及摘要	借方	貸方
	總日記帳		J1
11/1	現金	390,000	
	股本		390,000
	記錄股東之原始投資		
11/6	辦公用品	67,200	
	現金		67,200
	記錄購置辦公用品		
11/18	現金	63,750	
	服務收入		63,750
	記錄服務收入		
11/29	薪資費用	18,000	
	現金		18,000
	支付員工薪資		

5.

現金					股本		
11/1	390,000	11/6	67,200			11/1	390,000
11/18	63,750	11/29	18,000				390,000
	368,550						

辦公用品				服務收入		
11/6	67,200				11/18	63,750
	67,200					63,750

薪資費用	
11/29	18,000
	18,000

6.

總日記帳　　　　　　　　　　　　　J1

日期	會計項目及摘要	借方	貸方
8/1	現金	1,000,000	
	股本		1,000,000
	記錄股東之原始投資		
8/2	不需要會計分錄		
8/5	辦公設備	250,000	
	應付帳款		250,000
	記錄購置辦公設備		
8/8	應收帳款	54,600	
	服務收入		54,600
	記錄服務收入		
8/15	應付帳款	100,000	
	現金		100,000
	償付部分購入辦公設備之應付帳款		
8/27	現金	11,000	
	服務收入		11,000
	提供服務，賺得收入		
8/31	薪資費用	64,000	
	現金		64,000
	支付助理薪資		

7.

現金

8/1	1,000,000	8/15	100,000
8/27	11,000	8/31	64,000
	847,000		

應付帳款

8/15	100,000	8/5	250,000
			150,000

應收帳款			股本		
8/8	54,600			8/1	1,000,000
	54,600				1,000,000

辦公設備			服務收入		
8/5	250,000			8/8	54,600
	250,000			8/27	11,000
					65,600

薪資費用	
8/31	64,000
	64,000

8.

總日記帳　　　　　　　　　　　　　　　　J1

日期	會計項目及摘要	借方	貸方
7/1	現金	220,000	
	股本		220,000
	記錄股東之原始投資		
7/5	辦公用品	15,500	
	應付帳款		15,500
	賒帳購入辦公用品		
7/7	現金	6,000	
	服務收入		6,000
	記錄提供服務收取現金		
7/14	應收帳款	32,000	
	服務收入		32,000
	記錄服務收入，帳款於未來期間收現		

7/18	薪資費用		9,900	
	現金			9,900
	支付薪資			
7/22	應付帳款		9,300	
	現金			9,300
	償付應付帳款			
7/29	現金		16,800	
	應收帳款			16,800
	應收帳款收現			
7/31	預付保險費		12,000	
	現金			12,000
	預付保險金			
7/31	現金		5,500	
	應付票據			5,500
	向銀行借款開立票據			

9.

九龍房地產經紀公司
試算表
×1年7月31日

	借方	貸方
現金	$217,100	
應收帳款	15,200	
預付保險費	12,000	
辦公用品	15,500	
應付帳款		$ 6,200
應付票據		5,500
股本		220,000
服務收入		38,000
薪資費用	9,900	
餘額	$269,700	$269,700

10.

九龍房地產經紀公司
綜合損益表
×1 年 7 月 1 日至 7 月 31 日

服務收入	$38,000
減：薪資費用	(9,900)
本期淨利	$28,100
其他綜合損益	0
本期綜合損益總額	$28,100

九龍房地產經紀公司
權益變動表
×1 年 7 月 1 日至 7 月 31 日

	股本	保留盈餘	權益合計
期初權益	$ 0	$ 0	$ 0
加：股東投資	220,000	—	220,000
本期淨利	—	28,100	28,100
期末權益	$220,000	$28,100	$248,100

九龍房地產經紀公司
資產負債表
×1 年 7 月 31 日

現金	$217,100	應付帳款	$ 6,200
應收帳款	15,200	應付票據	5,500
預付保險費	12,000	股本	220,000
辦公用品	15,500	保留盈餘	28,100
資產總額	$259,800	負債及權益總額	$259,800

	(9)	應付帳款		25	3,500	
		現金		1		3,500
		支付美容設備欠款				
	(10)	薪資費用		81	500	
		現金		1		500
		記錄現金支付本月薪資費用				

※ 讀者請注意：索引欄於過帳時再行填入。

(2)

現金　　　　　　　　　　　　　　　　　　　　　　　　　　　　　1

日期	摘要	索引	借方	貸方	餘額
(1)		J1	13,000		13,000
(2)		J1		1,000	12,000
(3)		J1		1,100	10,900
(4)		J1	1,300		12,200
(6)		J1		600	11,600
(7)		J1		750	10,850
(8)		J1	1,000		11,850
(9)		J1		3,500	8,350
(10)		J1		500	7,850

應收帳款　　　　　　　　　　　　　　　　　　　　　　　　　　10

日期	摘要	索引	借方	貸方	餘額
(5)		J1	2,000		2,000
(8)		J1		1,000	1,000

美容用具　　　　　　　　　　　　　　　　　　　　　　　　　　12

日期	摘要	索引	借方	貸方	餘額
(6)		J1	600		600

第 42 頁

美容設備　　15

日期	摘要	索引	借方	貸方	餘額
(2)		J1	4,500		4,500

應付帳款　　25

日期	摘要	索引	借方	貸方	餘額
(2)		J1		3,500	3,500
(9)		J1	3,500		0

股本　　51

日期	摘要	索引	借方	貸方	餘額
(1)		J1		13,000	13,000

美容服務收入　　61

日期	摘要	索引	借方	貸方	餘額
(4)		J1		1,300	1,300
(5)		J1		2,000	3,300

薪資費用　　81

日期	摘要	索引	借方	貸方	餘額
(10)		J1	500		500

水電費用　　82

日期	摘要	索引	借方	貸方	餘額
(7)		J1	750		750

租金費用　　83

日期	摘要	索引	借方	貸方	餘額
(3)		J1	1,100		1,100

(3)

丹丹寵物美容店
試算表
××年×月×日

		借方	貸方
101	現金	$7,850	
105	應收帳款	1,000	
120	美容用具	600	
150	美容設備	4,500	
201	應付帳款		$0
310	股本		13,000
320	保留盈餘		0
401	美容服務收入		3,300
501	薪資費用	500	
502	水電費用	750	
503	租金費用	1,100	
	餘額	$16,300	$16,300

3. (1)

總日記帳　　　　　　　　　　　　　　　J1

日期	會計項目及摘要	索引	借方	貸方
8/1	現金	1	715,000	
	股本	51		715,000
	記錄股東對電子企業之原始投資			
8/2	租金費用	83	13,000	
	現金	1		13,000
	記錄支付本月租金			
8/4	電子設備	15	195,000	
	現金	1		72,000
	應付帳款	25		123,000
	記錄購置電子設備，其中部分付現，部分於未來付現			

8/5	現金		1	18,000	
	電子工程收入		61		18,000
	提供電子工程服務，並收取現金				
8/7	辦公用品		12	12,500	
	現金		1		12,500
	記錄現金購置辦公用品				
8/8	辦公設備		18	50,300	
	應付帳款		25		50,300
	賒帳購置辦公設備				
8/15	應收帳款		10	90,000	
	電子工程收入		61		90,000
	提供電子工程服務，帳款於未來期間收現				
8/18	應收帳款		10	14,400	
	電子工程收入		61		14,400
	提供電子工程服務，帳款於未來期間收現				
8/20	應付帳款		25	50,300	
	現金		1		50,300
	支付辦公設備欠款				
8/24	辦公用品		12	4,500	
	應付帳款		25		4,500
	記錄購置辦公用品				
8/28	現金		1	51,000	
	應收帳款		10		51,000
	應收帳款收現				
8/29	薪資費用		81	19,000	
	現金		1		19,000
	記錄現金支付本月薪資費用				

8/31	水電費用	82	6,600	
	現金	1		6,600
	記錄現金支付本月水電費用			

(2)

現金　　　　　　　　　　　　　　　　　　　　　　　　　　　　1

日期	摘要	索引	借方	貸方	餘額
8/1		J1	715,000		715,000
8/2		J1		13,000	702,000
8/4		J1		72,000	630,000
8/5		J1	18,000		648,000
8/7		J1		12,500	635,500
8/20		J1		50,300	585,200
8/28		J1	51,000		636,200
8/29		J1		19,000	617,200
8/31		J1		6,600	610,600

應收帳款　　　　　　　　　　　　　　　　　　　　　　　　　10

日期	摘要	索引	借方	貸方	餘額
8/15		J1	90,000		90,000
8/18		J1	14,400		104,400
8/28		J1		51,000	53,400

辦公用品　　　　　　　　　　　　　　　　　　　　　　　　　12

日期	摘要	索引	借方	貸方	餘額
8/7		J1	12,500		12,500
8/24		J1	4,500		17,000

電子設備　　　　　　　　　　　　　　　　　　　　　　　　　15

日期	摘要	索引	借方	貸方	餘額
8/4		J1	195,000		195,000

第46頁

辦公設備　　　　　　　　　　　　　　　　　　　18

日期	摘要	索引	借方	貸方	餘額
8/8		J1	50,300		50,300

應付帳款　　　　　　　　　　　　　　　　　　　25

日期	摘要	索引	借方	貸方	餘額
8/4		J1		123,000	123,000
8/8		J1		50,300	173,300
8/20		J1	50,300		123,000
8/24		J1		4,500	127,500

股本　　　　　　　　　　　　　　　　　　　　　51

日期	摘要	索引	借方	貸方	餘額
8/1		J1		715,000	715,000

電子工程收入　　　　　　　　　　　　　　　　　61

日期	摘要	索引	借方	貸方	餘額
8/5		J1		18,000	18,000
8/15		J1		90,000	108,000
8/18		J1		14,400	122,400

薪資費用　　　　　　　　　　　　　　　　　　　81

日期	摘要	索引	借方	貸方	餘額
8/29		J1	19,000		19,000

水電費用　　　　　　　　　　　　　　　　　　　82

日期	摘要	索引	借方	貸方	餘額
8/31		J1	6,600		6,600

租金費用　　　　　　　　　　　　　　　　　　　　　　　　　　83

日期	摘要	索引	借方	貸方	餘額
8/2		J1	13,000		13,000

(3)

金鋒電子企業
試算表
×1年8月31日

		借方	貸方
101	現金	$610,600	
105	應收帳款	53,400	
120	辦公用品	17,000	
150	電子設備	195,000	
155	辦公設備	50,300	
201	應付帳款		$127,500
310	股本		715,000
320	保留盈餘		0
401	電子工程收入		122,400
501	薪資費用	19,000	
502	水電費用	6,600	
503	租金費用	13,000	
	餘額	$964,900	$964,900

4. (1)

總日記帳　　　　　　　　　　　　　　　　　　　　　　　　　　J1

日期	會計項目及摘要	索引	借方	貸方
10/1	現金	1	208,000	
	股本	51		208,000
	記錄股東對工程企業之原始投資			
10/2	租金費用	83	2,300	
	現金	1		2,300
	記錄支付本月辦公室租金			

日期	科目	類號	借方	貸方
10/4	辦公用品	12	1,200	
	現金	1		1,200
	記錄現金購置辦公用品			
10/6	工程設備	15	30,000	
	現金	1		5,000
	應付帳款	25		25,000
	記錄購置工程設備，其中部分付現，部分於未來付現			
10/10	現金	1	178,000	
	工程收入	61		178,000
	提供工程服務，並收取現金			
10/10	辦公設備	18	6,400	
	應付帳款	25		6,400
	賒帳購置辦公設備			
10/15	應收帳款	10	19,800	
	工程收入	61		19,800
	提供工程服務，帳款於未來期間收現			
10/20	應付帳款	25	6,400	
	現金	1		6,400
	支付應付帳款			
10/23	辦公用品	12	6,200	
	應付帳款	25		6,200
	記錄賒帳購置辦公用品			
10/25	應收帳款	10	14,500	
	工程收入	61		14,500
	提供工程服務，帳款於未來期間收現			
10/29	現金	1	19,800	
	應收帳款	10		19,800
	應收帳款收現			

10/31	薪資費用	81	9,500	
	現金	1		9,500
	記錄現金支付本月薪資費用			
10/31	水電費用	82	1,200	
	現金	1		1,200
	記錄現金支付本月水電費用			

※ 讀者請注意：索引欄於過帳時再行填入。

(2)

現金　　　　　　　　　　　　　　　　　1

日期	摘要	索引	借方	貸方	餘額
10/1		J1	208,000		208,000
10/2		J1		2,300	205,700
10/4		J1		1,200	204,500
10/6		J1		5,000	199,500
10/10		J1	178,000		377,500
10/20		J1		6,400	371,100
10/29		J1	19,800		390,900
10/31		J1		9,500	381,400
10/31		J1		1,200	380,200

應收帳款　　　　　　　　　　　　　　　10

日期	摘要	索引	借方	貸方	餘額
10/15		J1	19,800		19,800
10/25		J1	14,500		34,300
10/29		J1		19,800	14,500

辦公用品　　　　　　　　　　　　　　　12

日期	摘要	索引	借方	貸方	餘額
10/4		J1	1,200		1,200
10/23		J1	6,200		7,400

工程設備　　　　　　　　　　　　　　　15

日期	摘要	索引	借方	貸方	餘額
10/6		J1	30,000		30,000

辦公設備　　　　　　　　　　　　　　　18

日期	摘要	索引	借方	貸方	餘額
10/10		J1	6,400		6,400

應付帳款　　　　　　　　　　　　　　　25

日期	摘要	索引	借方	貸方	餘額
10/6		J1		25,000	25,000
10/10		J1		6,400	31,400
10/20		J1	6,400		25,000
10/23		J1		6,200	31,200

股本　　　　　　　　　　　　　　　　　51

日期	摘要	索引	借方	貸方	餘額
10/1		J1		208,000	208,000

工程收入　　　　　　　　　　　　　　　61

日期	摘要	索引	借方	貸方	餘額
10/10		J1		178,000	178,000
10/15		J1		19,800	197,800
10/25		J1		14,500	212,300

薪資費用　　　　　　　　　　　　　　　81

日期	摘要	索引	借方	貸方	餘額
10/31		J1	9,500		9,500

水電費用　　　　　　　　　　　　　　　　82

日期	摘要	索引	借方	貸方	餘額
10/31		J1	1,200		1,200

租金費用　　　　　　　　　　　　　　　　83

日期	摘要	索引	借方	貸方	餘額
10/2		J1	2,300		2,300

(3)

茂貴工程企業
試算表
××年10月31日

		借方	貸方
101	現金	$380,200	
105	應收帳款	14,500	
120	辦公用品	7,400	
150	工程設備	30,000	
155	辦公設備	6,400	
201	應付帳款		$ 31,200
305	股本		208,000
310	保留盈餘		0
401	工程收入		212,300
501	薪資費用	9,500	
502	水電費用	1,200	
503	租金費用	2,300	
	餘額	$451,500	$451,500

(4)

茂貴工程企業
綜合損益表
××年10月1日至10月31日

工程收入		$212,300
減：薪資費用	$9,500	
水電費用	1,200	
租金費用	2,300	
費用總額		(13,000)
本期淨利		$199,300
其他綜合損益		0
本期綜合損益總額		$199,300

茂貴工程企業
權益變動表
××年10月1日至10月31日

	股本	保留盈餘	權益合計
期初權益	$　　　0	$　　　0	$　　　0
加：股東投資	208,000	—	208,000
本期淨利	—	199,300	199,300
期末權益	$208,000	$199,300	$407,300

茂貴工程企業
資產負債表
××年10月31日

現金	$380,200	應付帳款	$ 31,200
應收帳款	14,500		
辦公用品	7,400		
工程設備	30,000	股本	208,000
辦公設備	6,400	保留盈餘	199,300
資產總額	$438,500	負債及權益總額	$438,500

5. (1)

總日記帳　　　　　　　　　　　　　　　　　　　　　　J1

日期	會計項目及摘要	索引	借方	貸方
4/1	現金	1	75,000	
	應收帳款	10	125,000	
	服務收入	150		200,000
	賺得服務收入，其中部分收取現金，部分於未來收現			
4/1	應付帳款	80	60,000	
	現金	1		60,000
	記錄償還應付帳款			
4/8	辦公設備	50	60,000	
	現金	1		30,000
	應付帳款	80		30,000
	記錄購置辦公設備，其中部分付現，部分於未來付現			
4/15	薪資費用	180	25,000	
	租金費用	200	45,000	
	廣告費用	210	5,000	
	現金	1		75,000
	記錄支付員工薪資、租金支出及廣告支出			
4/16	現金	1	20,000	
	應收帳款	10		20,000
	記錄應收帳款收現			
4/25	現金	1	100,000	
	應付票據	70		100,000
	記錄向銀行借款並開立票據			
4/28	電話費用	220	7,000	
	水電費用	190	4,000	
	現金	1		11,000
	記錄現金支付本月電話費用及水電費用			

(2)

現金　　　　　　　　　　　　　　　　　　　　　1

日期	摘要	索引	借方	貸方	餘額
3/31		J1			300,000
4/1		J1	75,000		375,000
4/1		J1		60,000	315,000
4/8		J1		30,000	285,000
4/15		J1		75,000	210,000
4/16		J1	20,000		230,000
4/25		J1	100,000		330,000
4/28		J1		11,000	319,000

應收帳款　　　　　　　　　　　　　　　　　　10

日期	摘要	索引	借方	貸方	餘額
3/31		J1			75,000
4/1		J1	125,000		200,000
4/16		J1		20,000	180,000

辦公用品　　　　　　　　　　　　　　　　　　20

日期	摘要	索引	借方	貸方	餘額
3/31		J1			12,000

辦公設備　　　　　　　　　　　　　　　　　　50

日期	摘要	索引	借方	貸方	餘額
3/31		J1			350,000
4/8		J1	60,000		410,000

應付票據　　　　　　　　　　　　　　　　　　70

日期	摘要	索引	借方	貸方	餘額
3/31		J1			100,000
4/25		J1		100,000	200,000

應付帳款　　　　　　　　　　　　　　　　　　80

日期	摘要	索引	借方	貸方	餘額
3/31		J1			85,000
4/1		J1	60,000		25,000
4/8		J1		30,000	55,000

股本　　　　　　　　　　　　　　　　　　100

日期	摘要	索引	借方	貸方	餘額
3/31		J1			552,000

服務收入　　　　　　　　　　　　　　　　　　150

日期	摘要	索引	借方	貸方	餘額
4/1		J1		200,000	200,000

薪資費用　　　　　　　　　　　　　　　　　　180

日期	摘要	索引	借方	貸方	餘額
4/15		J1	25,000		25,000

水電費用　　　　　　　　　　　　　　　　　　190

日期	摘要	索引	借方	貸方	餘額
4/28		J1	4,000		4,000

租金費用　　　　　　　　　　　　　　　　　　200

日期	摘要	索引	借方	貸方	餘額
4/15		J1	45,000		45,000

廣告費用　　　　　　　　　　　　　　　　　　210

日期	摘要	索引	借方	貸方	餘額
4/15		J1	5,000		5,000

電話費用　　　　　　　　　　　　　　　　　　220

日期	摘要	索引	借方	貸方	餘額
4/28		J1	7,000		7,000

(3)

淑君企業
試算表
×1 年 4 月 30 日

		借方	貸方
101	現金	$ 319,000	
105	應收帳款	180,000	
120	辦公用品	12,000	
155	辦公設備	410,000	
201	應付票據		$ 200,000
202	應付帳款		55,000
302	股本		552,000
305	保留盈餘		0
401	服務收入		200,000
501	薪資費用	25,000	
502	水電費用	4,000	
503	租金費用	45,000	
506	廣告費用	5,000	
509	電話費用	7,000	
	餘額	$1,007,000	$1,007,000

(4)

淑君企業
綜合損益表
×1 年 4 月 1 日至 4 月 30 日

服務收入		$200,000
減：薪資費用	$25,000	
水電費用	4,000	
租金費用	45,000	
廣告費用	5,000	
電話費用	7,000	
費用總額		(86,000)
本期淨利		$114,000
其他綜合損益		0
本期綜合損益總額		$114,000

11/30	薪資費用	81	35,000	
	現金	1		35,000
	記錄現金支付本月薪資費用			

※ 讀者請注意：索引欄於過帳時再行填入。

(2)

現金　　　　　　　　　　　　　　　　　　　1

日期	摘要	索引	借方	貸方	餘額
11/1		J1	225,000		225,000
11/2		J1		2,200	222,800
11/7		J1		9,000	213,800
11/10		J1	155,000		368,800
11/16		J1	18,000		386,800
11/25		J1		9,000	377,800
11/26		J1	54,000		431,800
11/29		J1		5,000	426,800
11/30		J1	12,000		438,800
11/30		J1		35,000	403,800

應收帳款　　　　　　　　　　　　　　　　　10

日期	摘要	索引	借方	貸方	餘額
11/22		J1	120,000		120,000
11/26		J1		54,000	66,000

辦公用品　　　　　　　　　　　　　　　　　12

日期	摘要	索引	借方	貸方	餘額
11/4		J1	15,000		15,000

辦公設備　　　　　　　　　　　　　　　　　15

日期	摘要	索引	借方	貸方	餘額
11/17		J1	80,000		80,000

應付票據　　25

日期	摘要	索引	借方	貸方	餘額
11/10		J1		155,000	155,000

應付帳款　　27

日期	摘要	索引	借方	貸方	餘額
11/04		J1		15,000	15,000
11/17		J1		80,000	95,000
11/25		J1	9,000		86,000

股本　　51

日期	摘要	索引	借方	貸方	餘額
11/01		J1		225,000	225,000

服務收入　　61

日期	摘要	索引	借方	貸方	餘額
11/01		J1		18,000	18,000
11/22		J1		120,000	138,000
11/30		J1		12,000	150,000

薪資費用　　81

日期	摘要	索引	借方	貸方	餘額
11/30		J1	35,000		35,000

水電費用　　82

日期	摘要	索引	借方	貸方	餘額
11/29		J1	5,000		5,000

租金費用　　83

日期	摘要	索引	借方	貸方	餘額
11/07		J1	9,000		9,000

廣告費用					84
日期	摘要	索引	借方	貸方	餘額
11/02		J1	2,200		2,200

(3)

國民經紀企業
試算表
×1 年 11 月 30 日

		借方	貸方
101	現金	$403,800	
105	應收帳款	66,000	
120	辦公用品	15,000	
150	辦公設備	80,000	
201	應付票據		$155,000
202	應付帳款		86,000
301	股本		225,000
305	保留盈餘		0
401	服務收入		150,000
501	薪資費用	35,000	
502	水電費用	5,000	
503	租金費用	9,000	
506	廣告費用	2,200	
	餘額	$616,000	$616,000

(4)

國民經紀企業
綜合損益表
×1 年 11 月 1 日至 11 月 30 日

服務收入		$150,000
減：薪資費用	$35,000	
水電費用	5,000	
租金費用	9,000	
廣告費用	2,200	
費用總額		(51,200)
本期淨利		$ 98,800
其他綜合損益		0
本期綜合損益總額		$ 98,800

<table>
<tr><td colspan="4" align="center">國民經紀企業
權益變動表
×1年11月1日至11月30日</td></tr>
<tr><td></td><td>股本</td><td>保留盈餘</td><td>權益合計</td></tr>
<tr><td>期初權益</td><td>$ 0</td><td>$ 0</td><td>$ 0</td></tr>
<tr><td>加：股東投資</td><td>225,000</td><td>—</td><td>225,000</td></tr>
<tr><td>本期淨利</td><td>—</td><td>98,800</td><td>98,800</td></tr>
<tr><td>期末權益</td><td>$225,000</td><td>$98,800</td><td>$323,800</td></tr>
</table>

<table>
<tr><td colspan="4" align="center">洋基經紀企業
資產負債表
×1年11月30日</td></tr>
<tr><td>現金</td><td>$403,800</td><td>應付票據</td><td>$155,000</td></tr>
<tr><td>應收帳款</td><td>66,000</td><td>應付帳款</td><td>86,000</td></tr>
<tr><td>辦公用品</td><td>15,000</td><td>股本</td><td>225,000</td></tr>
<tr><td>辦公設備</td><td>80,000</td><td>保留盈餘</td><td>98,800</td></tr>
<tr><td>資產總額</td><td>$564,800</td><td>負債及權益總額</td><td>$564,800</td></tr>
</table>

7. (1)

總日記帳　　　　　　　　　　　　　　　　　　　　J1

日期	會計項目及摘要	索引	借方	貸方
4/2	辦公設備	18	90,000	
	現金	1		20,000
	應付帳款	27		70,000
	記錄購置辦公設備，其中部分付現，部分於未來付現			
4/5	現金	1	100,000	
	應收帳款	10	134,000	
	服務收入	61		234,000
	賺得服務收入，其中部分收取現金，部分於未來收現			
4/12	現金	1	30,000	
	應收帳款	10		30,000
	記錄應收帳款收現			

薪資費用　　　　　　　　　　　　　　　　　　　　　81

日期	摘要	索引	借方	貸方	餘額
4/30		J1	16,000		16,000

水電費用　　　　　　　　　　　　　　　　　　　　　82

日期	摘要	索引	借方	貸方	餘額
4/22		J1	5,000		5,000

租金費用　　　　　　　　　　　　　　　　　　　　　83

日期	摘要	索引	借方	貸方	餘額
4/30		J1	14,000		14,000

(3)

亞妮企業
試算表
×1 年 4 月 30 日

		借方	貸方
101	現金	$394,000	
105	應收帳款	159,000	
120	辦公用品	15,000	
130	預付保險費	10,000	
155	辦公設備	290,000	
201	應付票據		$240,000
202	應付帳款		77,000
301	股本		352,000
305	保留盈餘		0
401	服務收入		234,000
501	薪資費用	16,000	
502	水電費用	5,000	
503	租金費用	14,000	
	餘額	$903,000	$903,000

(4)

亞妮企業
綜合損益表
×1 年 4 月 1 日至 4 月 30 日

服務收入		$234,000
減：薪資費用	$16,000	
水電費用	5,000	
租金費用	14,000	
費用總額		(35,000)
本期淨利		$199,000

亞妮企業
權益變動表
×1 年 4 月 1 日至 4 月 30 日

	股本	保留盈餘	權益合計
期初權益	$352,000	$ 0	$352,000
加：股東投資	—	—	—
本期淨利	—	199,000	199,000
期末權益	$352,000	$199,000	$551,000

亞妮企業
資產負債表
×1 年 4 月 30 日

現金	$394,000	應付票據	$240,000
應收帳款	159,000	應付帳款	77,000
辦公用品	15,000		
預付保險費	10,000	股本	352,000
辦公設備	290,000	保留盈餘	199,000
資產總額	$868,000	負債及權益總額	$868,000

8. (1)

總日記帳　　　　　　　　J1

日期	會計項目及摘要	借方	貸方
1	應收帳款	18,200	
	服務收入		18,200
	記錄股東之原始投資		

第 **67** 頁

2	辦公用品		1,750	
	現金			1,750
	記錄購買辦公用品			
3	汽車		25,000	
	現金			5,000
	應付票據			20,000
	記錄購置汽車			
4	現金		4,000	
	應收帳款			4,000
	記錄應收帳款收現			
5	應付帳款		1,000	
	現金			1,000
	償付應收帳款			
6	預付租金		2,080	
	現金			2,080
	支付預付租金			
7	現金		48,000	
	服務收入			48,000
	收到完成的服務收入			
8	應付票據		20,000	
	現金			20,000
	支付到期應付票據款			
9	現金		8,000	
	預收服務收入			8,000
	收到預收服務收入			
10	薪資費用		5,000	
	現金			5,000
	支付薪資費用			
11	水電費用		850	
	現金			850
	支付水電費用			

(2)

現金			應付帳款	
18,000	1,750		1,000	2,240
4,000	5,000			1,240
48,000	1,000			
8,000	2,080			
	20,000			
	5,000			
	850			
42,320				

應收帳款			應付票據	
5,370	4,000		20,000	4,100
18,200				20,000
19,570				4,100

辦公用品			預收服務收入	
600				8,000
1,750				8,000
2,350				

預付租金			股本	
660				58,000
2,080				58,000
2,740				

土地			保留盈餘	
24,000				14,290
24,000				14,290

建築物			服務收入	
30,000				18,200
30,000				48,000
				66,200

汽車		薪資費用	
25,000		5,000	
25,000		5,000	

		水電費用	
		850	
		850	

(3)

大新公司
試算表
×1 年 12 月 31 日

	借方	貸方
現金	$42,320	
應收帳款	19,570	
辦公用品	2,350	
預付租金	2,740	
土地	24,000	
建築物	30,000	
汽車	25,000	
應付帳款		$1,240
應付票據		4,100
預收服務收入		8,000
股本		58,000
保留盈餘		14,290
服務收入		66,200
薪資費用	5,000	
水電費用	850	
餘額	$151,830	$151,830

9.

不平衡公司
試算表
×1 年 5 月 31 日

	借方	貸方
現金	$148,500	
應收票據	20,000	
應收帳款	67,200	
預付保險費	11,000	
辦公用品	35,000	
設備	220,500	
應付帳款		$124,300
應付不動產稅		5,000
股本		341,500
保留盈餘		0
服務收入		177,500
薪資費用	70,825	
廣告費用	33,725	
水電費用	10,500	
不動產稅費用	31,050	
	$648,300	$648,300

各金額明細如下：

現金	$148,500 = $162,000 − $13,500
應收帳款	$67,200 = $66,200 + $12,000 − $11,000
預付保險費	$11,000 = $14,000 − $3,000
辦公用品	$35,000 = $47,000 − $12,000
設備	$220,500 = $208,500 + $12,000
應付帳款	$124,300 = $90,000 + $12,000 + $33,300 − $11,000
股本	$341,500 = $331,000 + $10,500
薪資費用	$70,825 = $60,825 + $10,000
廣告費用	$33,725 = $20,225 + $13,500
不動產稅費用	$31,050 = $7,000 + $24,050

會計達人

1. (1) (C)； (2) (C)； (3) (A)

2.

會計項目	記在借方/貸方	會計項目餘額（借方/貸方）
例：(1) 應收帳款增加	借方	借方
(2) 薪資費用增加	借方	借方
(3) 預付保險費減少	貸方	借方
(4) 股本增加	貸方	貸方
(5) 辦公用品減少	貸方	借方
(6) 應收帳款減少	貸方	借方
(7) 應付帳款減少	借方	貸方
(8) 應收票據減少	貸方	借方
(9) 水電費增加	借方	借方
(10) 廠房及設備減少	貸方	借方

3. 3/1 股東投資 $12,000 的現金。

3/5 支付應付帳款 $5,000。

3/8 用現金購買 $1,600 辦公用品。

3/20 發生服務收入 $6,000，收到現金 $2,600，其餘未來才收款。

3/31 購買價值 $5,800 的機器設備，支付廠商 $2,300，其餘開立應付票據。

4.

<table>
<tr><td colspan="3" align="center">××公司
試算表
×1 年 12 月 31 日</td></tr>
<tr><td></td><td align="center">借方</td><td align="center">貸方</td></tr>
<tr><td>現金</td><td>$ 17,700</td><td></td></tr>
<tr><td>應收帳款</td><td>5,000</td><td></td></tr>
<tr><td>辦公用品</td><td>2,800</td><td></td></tr>
<tr><td>土地</td><td>85,000</td><td></td></tr>
<tr><td>建築物</td><td>35,000</td><td></td></tr>
<tr><td>機器設備</td><td>18,000</td><td></td></tr>
<tr><td>應付帳款</td><td></td><td>$ 22,000</td></tr>
<tr><td>應付票據</td><td></td><td>58,000</td></tr>
<tr><td>股本</td><td></td><td>45,000</td></tr>
<tr><td>保留盈餘</td><td></td><td>0</td></tr>
<tr><td>銷售收入</td><td></td><td>50,000</td></tr>
<tr><td>廣告費用</td><td>1,600</td><td></td></tr>
<tr><td>薪資費用</td><td>3,600</td><td></td></tr>
<tr><td>租金費用</td><td>1,800</td><td></td></tr>
<tr><td>水電費用</td><td>4,500</td><td></td></tr>
<tr><td>合計</td><td>$175,000</td><td>$175,000</td></tr>
</table>

5. (1)

項目	會計項目及摘要	借方	貸方
1	現金	3,200	
	應收帳款		3,200
2	應收帳款	14,000	
	服務收入		14,000
3	辦公用品	1,800	
	應付帳款		1,800

4	辦公設備		20,000	
	現金			8,000
	應付票據			12,000
5	應付帳款		8,100	
	現金			8,100
6	預付租金		1,500	
	現金			1,500
7	現金		43,000	
	服務收入			43,000
8	應付票據		15,000	
	現金			15,000
9	現金		9,000	
	預收服務收入			9,000
10	薪資費用		10,000	
	現金			10,000
11	電話費用		900	
	現金			900

(2)

現金			應付帳款	
28,900	8,000		8,100	12,340
3,200	8,100			1,800
43,000	1,500			6,040
9,000	15,000			
	10,000			
	900			
40,600				

應收帳款			應付票據	
4,650	3,200		15,000	13,100
14,000				12,000
15,450				10,100

辦公用品		預收服務收入	
1,000			9,000
1,800			9,000
2,800			

預付租金		股本	
1,260			45,000
1,500			45,000
2,760			

土地		保留盈餘	
20,000			15,370
20,000			15,370

建築物		服務收入	
30,000			14,000
30,000			43,000
			57,000

辦公設備		薪資費用	
20,000		10,000	
20,000		10,000	

		電話費用	
		900	
		900	

5. 公司的會計循環包含九步驟，分為三類：

第一類　會計期間開始：
　　步驟一：各個會計項目分類帳的期初餘額

第二類　會計期間中：
　　步驟二：分析企業交易及將企業交易記入日記簿
　　步驟三：將日記簿分錄過帳至分類帳
　　步驟四：編製調整前試算表

第三類　會計期間末了，編製財務報表時（這個程序可透過附錄的工作底稿完成）：
　　步驟五：將調整分錄記入日記簿及過帳至分類帳
　　步驟六：編製調整後試算表
　　步驟七：編製財務報表（損益表、權益變動表及資產負債表）
　　步驟八：將結帳分錄記入日記簿及過帳至分類帳
　　步驟九：編製結帳後試算表

6. 兩者之差異在於結帳後試算表上所列式的會計項目僅包括資產、負債與權益三大類；但調整後試算表則另包括收益與費損二大類，共五大類。其次，為保留盈餘的餘額不同。再者，借方及貸方總額並不相同。

選擇題

1. (A)　　　　2. (B)　　　　3. (C)
4. (A)　　　　5. (C)　　　　6. (B)
7. (B)　　　　8. (D)　　　　9. (D)
10. (A)　　　11. (A)

練習題

1. 所屬類型：
(1) 應計費用　　(2) 預付費用
(3) 應計收入　　(4) 預收收入
(5) 預付費用　　(6) 應計費用
(7) 預付費用

調整分錄：
(1) 電信費用　　　　　　　13,000
　　　應付電信費用　　　　　　　　　13,000
(2) 辦公用品費用　　　　　30,000
　　　辦公用品　　　　　　　　　　　30,000
(3) 應收帳款　　　　　　　174,000
　　　服務收入　　　　　　　　　　　174,000
(4) 預收收入　　　　　　　38,000
　　　收入　　　　　　　　　　　　　38,000
(5) 保險費　　　　　　　　24,000
　　　預付保險費　　　　　　　　　　24,000
(6) 薪資費用　　　　　　　90,000
　　　應付薪資　　　　　　　　　　　90,000
(7) 折舊費用　　　　　　　18,000
　　　累計折舊—辦公設備　　　　　　18,000

2. 調整分錄
(1) 房租費用　　　　　　　24,000
　　　預付房租　　　　　　　　　　　24,000
(2) 辦公用品費用　　　　　5,000
　　　辦公用品　　　　　　　　　　　5,000
(3) 預收管理費　　　　　　5,000
　　　管理費收入　　　　　　　　　　5,000
(4) 應收利息　　　　　　　1,000
　　　利息收入　　　　　　　　　　　1,000

(5)	利息費用	500	
	應付利息		500
(6)	折舊費用	11,250	
	累計折舊—機器		11,250

3. 調整分錄

(1)	保險費	7,500	
	預付保險費		7,500
(2)	辦公用品費用	2,800	
	辦公用品		2,800
(3)	預收電腦維護收入	2,250	
	維護費收入		2,250
(4)	應收帳款	6,000	
	服務收入		6,000
(5)	水電費	800	
	應付水電費		800
(6)	折舊費用	13,800	
	累計折舊—機器		13,800

4. (1) 大正公司調整分錄

a.	辦公用品費用	900	
	辦公用品		900
b.	保險費	1,000	
	預付保險費		1,000
c.	折舊費用	900	
	累計折舊—建築物		900
d.	折舊費用	1,800	
	累計折舊—辦公設備		1,800
e.	薪資費用	400	
	應付薪資		400
f.	預收服務收入	800	
	服務收入		800
g.	應收帳款	1,000	
	服務收入		1,000

(2) 調整分錄過帳

現金				應付帳款	
15,000					5,500

應收帳款				應付薪資	
8,000				調整	400
調整 1,000					
9,000					

辦公用品				預收服務收入	
1,200	調整 900		調整 800		2,000
300					1,200

預付保險費				普通股	
2,500	調整 1,000				32,000
1,500					

建築物				保留盈餘-1/1	
20,000					3,000

累計折舊—建築物				服務收入	
	8,000				13,000
	調整 900			調整	800
				調整	1,000
	8,900				14,800

辦公設備				廣告費用	
18,000			1,300		
			1,300		

累計折舊—辦公設備				折舊費用	
	3,600		調整 900		
	調整 1,800		調整 1,800		
	5,400		2,700		

辦公用品費用			薪資費用		
調整	900		調整	1,100	
	900		調整	400	
				1,500	

			保險費用		
			調整	1,000	
				1,000	

(3) 調整後試算表

大正公司
調整後試算表
×1年12月31日

	借方	貸方
現金	$15,000	
應收帳款	9,000	
辦公用品	300	
預付保險費	1,500	
建築物	20,000	
累計折舊—建築物		$8,900
辦公設備	18,000	
累計折舊—辦公設備		5,400
應付帳款		5,500
應付薪資		400
預收服務收入		1,200
普通股		32,000
保留盈餘		3,000
服務收入		14,800
廣告費用	1,300	
折舊費用	2,700	
薪資費用	1,500	
辦公用品費用	900	
保險費用	1,000	
合計	$71,200	$71,200

5. 調整前淨利 ($256,000 – 116,000) $140,000
  加項：應計收入   88,000
                      $228,000
  減項：折舊費用 $26,000
     利息費用   16,667
     保險費用   5,000
     水電費用   6,600   (54,267)
  調整後淨利 $173,733

6. 結帳分錄

×1/12/31	服務收入	278,200	
	本期損益		278,200
×1/12/31	本期損益	61,600	
	薪資費用		40,800
	廣告費用		5,300
	保險費用		2,500
	辦公用品費用		9,200
	折舊費用		3,800
×1/12/31	本期損益	216,600	
	保留盈餘		216,600

7. (1) 調整分錄

	應收帳款	16,800	
	服務收入		16,800
	折舊費用—設備	2,200	
	折舊費用—辦公大樓	12,000	
	累計折舊—設備		2,200
	累計折舊—辦公大樓		12,000
	辦公用品費用	3,900	
	辦公用品		3,900

	薪資費用	1,400	
	應付薪資		1,400

(2) 結帳分錄

×1/12/31	服務收入	585,000	
	本期損益		585,000
×1/12/31	本期損益	67,500	
	薪資費用		49,400
	折舊費用—設備		2,200
	折舊費用—辦公大樓		12,000
	辦公用品費用		3,900
×1/12/31	本期損益	517,500	
	保留盈餘		517,500

(3) (股本) $244,800 + (保留盈餘) ($33,000 + $517,500) = $795,300

8.

<table>
<tr><th colspan="7">歐盟公司
工作底稿
×1年12月31日</th></tr>
<tr><th rowspan="2">會計項目</th><th colspan="2">調整後試算表</th><th colspan="2">綜合損益表</th><th colspan="2">資產負債表</th></tr>
<tr><th>借方</th><th>貸方</th><th>借方</th><th>貸方</th><th>借方</th><th>貸方</th></tr>
<tr><td>現金</td><td>$ 641,040</td><td></td><td></td><td></td><td>$641,040</td><td></td></tr>
<tr><td>應收帳款</td><td>414,800</td><td></td><td></td><td></td><td>414,800</td><td></td></tr>
<tr><td>預付租金</td><td>68,600</td><td></td><td></td><td></td><td>68,600</td><td></td></tr>
<tr><td>設備</td><td>461,000</td><td></td><td></td><td></td><td>461,000</td><td></td></tr>
<tr><td>累計折舊</td><td></td><td>$ 98,420</td><td></td><td></td><td></td><td>$ 98,420</td></tr>
<tr><td>應付票據</td><td></td><td>364,000</td><td></td><td></td><td></td><td>364,000</td></tr>
<tr><td>應付帳款</td><td></td><td>319,440</td><td></td><td></td><td></td><td>319,440</td></tr>
<tr><td>應付薪資</td><td></td><td>12,000</td><td></td><td></td><td></td><td>12,000</td></tr>
<tr><td>股本</td><td></td><td>600,000</td><td></td><td></td><td></td><td>600,000</td></tr>
<tr><td>保留盈餘</td><td></td><td>82,200</td><td></td><td></td><td></td><td>82,200</td></tr>
<tr><td>服務收入</td><td></td><td>338,800</td><td></td><td>$338,800</td><td></td><td></td></tr>
<tr><td>薪資費用</td><td>117,800</td><td></td><td>$117,800</td><td></td><td></td><td></td></tr>
<tr><td>租金費用</td><td>98,200</td><td></td><td>98,200</td><td></td><td></td><td></td></tr>
<tr><td>折舊費用</td><td>13,420</td><td></td><td>13,420</td><td></td><td></td><td></td></tr>
<tr><td>利息費用</td><td>51,140</td><td></td><td>51,140</td><td></td><td></td><td></td></tr>
<tr><td>應付利息</td><td></td><td>51,140</td><td></td><td></td><td></td><td>51,140</td></tr>
<tr><td>總額</td><td>$1,866,000</td><td>$1,866,000</td><td>280,560</td><td>338,800</td><td>1,585,440</td><td>1,527,200</td></tr>
<tr><td>淨利</td><td></td><td></td><td>58,240</td><td></td><td></td><td>58,240</td></tr>
<tr><td>總額</td><td></td><td></td><td>$338,800</td><td>$338,800</td><td>$1,585,440</td><td>$1,585,440</td></tr>
</table>

9.

歐盟公司
綜合損益表
×1年1月1日至12月31日

收入：		
服務收入		$338,800
費用：		
薪資費用	$117,800	
租金費用	98,200	
折舊費用	13,420	
利息費用	51,140	
費用合計		(280,560)
本期淨利		$ 58,240
其他綜合損益		0
本期綜合損益總額		$ 58,240

歐盟公司
權益變動表
×1年1月1日至12月31日

	股本	保留盈餘	權益合計
期初權益	$600,000	$ 82,200	$682,200
加：本期淨利	—	58,240	58,240
期末餘額	$600,000	$140,440	$740,440

歐盟公司
資產負債表
×1年12月31日

資產			負債		
現金		$ 641,040	應付票據		$ 364,000
應收帳款		414,800	應付帳款		319,440
預付租金		68,600	應付薪資		12,000
設備	$461,000		應付利息		51,140
累計折舊—設備	(98,420)		負債合計		$ 746,580
設備淨額		362,580	權益		
			股本		$ 600,000
			保留盈餘		140,440
			權益合計		$ 740,440
資產總計		$1,487,020	負債及權益總計		$1,487,020

10. (1)

    a. ×1/12/31   服務收入   338,800

                      本期損益   338,800

    b. ×1/12/31   本期損益   280,560

                      薪資費用   117,800

                      租金費用   98,200

                      折舊費用   13,420

                      利息費用   51,140

    c. ×1/12/31   本期損益   58,240

                      保留盈餘   58,240

(2)

本期損益				保留盈餘		
(b)	280,560	(a)	338,800		×1/1/1	82,200
(c)	58,240				(c)	58,240
	338,800		338,800		Bal.	140,440

(3)

歐盟公司
結帳後試算表
×1 年 12 月 31 日

	借方	貸方
現金	$ 641,040	
應收帳款	414,800	
預付租金	68,600	
設備	461,000	
累計折舊		$ 98,420
應付票據		364,000
應付帳款		319,440
應付薪資		12,000
應付利息		51,140
股本		600,000
保留盈餘		140,440
合計	$1,585,440	$1,585,440

應用問題

1. (1) 5 月 31 日　應收帳款　　　　　90,000
　　　　　　　　　　服務收入　　　　　　　　　90,000

(2) 5 月 31 日　折舊費用　　　　　2,500
　　　　　　　　　累計折舊—設備　　　　　　2,500

(3) 5 月 31 日　保險費用　　　　　7,200
　　　　　　　　　預付保險費　　　　　　　　7,200

(4) 5 月 31 日　利息費用　　　　　3,333
　　　　　　　　　應付利息　　　　　　　　　3,333

(5) 5 月 31 日　辦公用品費用　　　24,120
　　　　　　　　　辦公用品　　　　　　　　　24,120

(6) 5 月 31 日　預收租金收入　　　16,500
　　　　　　　　　租金收入　　　　　　　　　16,500

2. (1)

日記帳　　　　　　　　　　　　　　　　　J1

日期	會計項目及摘要	索引	借方	貸方
8/5	應付薪資	212	5,000	
	薪資費用	726	16,000	
	現金	101		21,000
8/7	現金	101	40,500	
	應收帳款	112		40,500
8/9	現金	101	95,000	
	服務收入	407		95,000
8/12	設備	153	90,000	
	應付帳款	201		90,000
8/17	辦公用品	126	19,000	
	應付帳款	201		19,000

日期	科目	索引	借方	貸方
8/19	應付帳款 　　現金	201 101	25,000	25,000
8/22	租金費用 　　現金	729 101	6,500	6,500
8/26	薪資費用 　　現金	726 101	10,000	10,000
8/27	應收帳款 　　服務收入	112 407	14,000	14,000
8/30	現金 　　預收服務收入	101 209	3,500	3,500

(2) 及 (4)

現金　　　　　101

日期	摘要	索引	借方	貸方	餘額
8/1					78,600
8/5				21,000	57,600
8/7			40,500		98,100
8/9			95,000		193,100
8/19				25,000	168,100
8/22				6,500	161,600
8/26				10,000	151,600
8/30			3,500		155,100

應收票據　　　　　111

日期	摘要	索引	借方	貸方	餘額
8/1					40,000

應收帳款　　　　　112

日期	摘要	索引	借方	貸方	餘額
8/1					67,660
8/7				40,500	27,160
8/27			14,000		41,160

辦公用品　　126

日期	摘要	索引	借方	貸方	餘額
8/1					68,000
8/17			19,000		87,000
8/31				65,000	22,000

設備　　153

日期	摘要	索引	借方	貸方	餘額
8/1					100,000
8/12			90,000		190,000

累計折舊　　154

日期	摘要	索引	借方	貸方	餘額
8/1					5,000
8/31				1,200	6,200

應付帳款　　201

日期	摘要	索引	借方	貸方	餘額
8/1					71,000
8/12				90,000	161,000
8/17				19,000	180,000
8/19			25,000		155,000
8/31				1,800	156,800

預收服務收入　　209

日期	摘要	索引	借方	貸方	餘額
8/1					25,260
8/30				3,500	28,760
8/31			14,500		14,260

應付薪資　　212

日期	摘要	索引	借方	貸方	餘額
8/1					5,000
8/5			5,000		0
8/31				6,600	6,600

股本　　　311

日期	摘要	索引	借方	貸方	餘額
8/1					220,000

保留盈餘　　　320

日期	摘要	索引	借方	貸方	餘額
8/1					28,000

服務收入　　　407

日期	摘要	索引	借方	貸方	餘額
8/9				95,000	95,000
8/27				14,000	109,000
8/31				14,500	123,500

折舊費用　　　615

日期	摘要	索引	借方	貸方	餘額
8/31			1,200		1,200

辦公用品費用　　　631

日期	摘要	索引	借方	貸方	餘額
8/31			65,000		65,000

薪資費用　　　726

日期	摘要	索引	借方	貸方	餘額
8/5			16,000		16,000
8/26			10,000		26,000
8/31			6,600		32,600

租金費用　　　729

日期	摘要	索引	借方	貸方	餘額
8/22			6,500		6,500

成太公司
權益變動表
××年8月1日至8月31日

	股本	保留盈餘	權益合計
期初餘額（8/1）	$220,000	$28,000	$248,000
加：本期淨利	—	16,400	16,400
期末餘額（8/31）	$220,000	$44,400	$264,400

成太公司
資產負債表
××年8月31日

資產			負債	
現金		$155,100	應付帳款	$156,800
應收票據		40,000	預收服務收入	14,260
應收帳款		41,160	應付薪資	6,600
辦公用品		22,000	負債合計	$177,660
設備	$190,000		權益	
累計折舊—設備	(6,200)		股本	$220,000
設備淨額		183,800	保留盈餘	44,400
			權益合計	$264,400
資產總計		$442,060	負債及權益總計	$442,060

(2) 結帳分錄

 (a) 8月31日 服務收入   123,500
       本期損益   123,500

 (b) 8月31日 本期損益   107,100
       折舊費用   1,200
       辦公用品費用   65,000
       薪資費用   32,600
       租金費用   6,500
       水電費用   1,800

 (c) 8月31日 本期損益   16,400
       保留盈餘   16,400

(3)

本期損益					保留盈餘		
(b)	107,100	(a)	123,500				28,000
(c)	16,400				(c)	16,400	
	123,500		123,500				Bal. 44,400

(4)

成太公司
結帳後試算表
××年8月31日

	借方	貸方
現金	$155,100	
應收票據	40,000	
應收帳款	41,160	
辦公用品	22,000	
設備	190,000	
累計折舊—設備		$ 6,200
應付帳款		156,800
預收服務收入		14,260
應付薪資		6,600
股本		220,000
保留盈餘		44,400
總額	$448,260	$448,260

4. (1)

結帳分錄

(a) 6月30日　服務收入　　　　　　　1,585,500
　　　　　　　　本期損益　　　　　　　　　　　　1,585,500

(b) 6月30日　本期損益　　　　　　　　779,700
　　　　　　　　折舊費用—設備　　　　　　　　　　69,000
　　　　　　　　折舊費用—辦公大樓　　　　　　　　37,100
　　　　　　　　薪資費用　　　　　　　　　　　　355,000
　　　　　　　　保險費用　　　　　　　　　　　　 99,100
　　　　　　　　利息費用　　　　　　　　　　　　 81,700
　　　　　　　　水電費用　　　　　　　　　　　　 69,000
　　　　　　　　辦公用品費用　　　　　　　　　　 68,800

(c) 6月30日　本期損益　　　　　　　　805,800
　　　　　　　　保留盈餘　　　　　　　　　　　　805,800

(2)

本期損益				保留盈餘		
(b)	779,700	(a)	1,585,500			0
(c)	805,800				(c)	805,800
	1,585,500		1,585,500		Bal.	805,800

(3)

全家服務公司
結帳後試算表
×1 年 6 月 30 日

	借方	貸方
現金	$ 286,300	
應收帳款	820,000	
辦公用品	106,900	
預付保險費	22,900	
設備	958,950	
累計折舊—設備		$ 372,450
辦公大樓	1,486,600	
累計折舊—辦公大樓		365,200
土地	1,100,000	
應付帳款		195,500
應付利息		22,800
應付薪資		12,300
預收服務收入		36,600
應付票據（長期）		699,000
股本		2,272,000
保留盈餘		805,800
總額	$4,781,650	$4,781,650

5.

橋登保險公司
綜合損益表
××年 8 月 1 日至 8 月 31 日

收入		
保險金 ($988,000 + $100,000)		$1,088,000
費用		
薪資費用 ($130,000 + $138,000)	$268,000	
廣告費用	30,000	
租金費用	94,000	
折舊費用 ($36,000 + $9,733)	45,733	
利息費用	10,000	
水電費用 ($0 + $35,000)	35,000	
辦公用品費用 ($0 + $90,000 + $20,000 − $15,000)	95,000	
費用合計		(577,733)
本期淨利		$ 510,267
其他綜合損益		0
本期綜合損益總額		$ 510,267

6. (1)

碼雅公司
綜合損益表
××年1月1日至12月31日

收入：		
服務收入		$ 78,800
費用：		
維修費用	$ 6,000	
折舊費用	5,600	
保險費用	3,100	
薪資費用	72,000	
水電費用	9,990	
利息費用	10,000	
費用合計		(106,690)
本期淨損		$ (27,890)
其他綜合損益		0
本期綜合損益總額		$ (27,890)

碼雅公司
權益變動表
××年1月1日至12月31日

	股本	保留盈餘	權益合計
期初餘額	$60,000	$30,000	$90,000
加：本期純益		(27,890)	(27,890)
期末餘額	$60,000	$ 2,110	$62,110

碼雅公司
資產負債表
××年 12 月 31 日

資產			負債	
現金		$25,110	應付帳款	$17,600
應收帳款		21,000	應付薪資	9,000
預付保險金		3,600	負債合計	$26,600
設備	$56,800		權益	
累計折舊—設備	(17,800)		股本	$60,000
設備淨額		39,000	保留盈餘	2,110
			權益合計	$62,110
資產總計		$88,710	負債及權益總計	$88,710

(2)

日期	會計項目	會計項目代碼	借方	貸方
12 月 31 日	服務收入	400	78,800	
	本期損益	350		78,800
12 月 31 日	本期損益	350	106,690	
	維修費用	622		6,000
	折舊費用	711		5,600
	保險費用	722		3,100
	薪資費用	726		72,000
	水電費用	732		9,990
	利息費用	750		10,000
12 月 31 日	保留盈餘	320	27,890	
	本期損益	350		27,890

(3)

		保留盈餘	320
12/31	27,890	1/1 Bal.	30,000
		12/31 Bal.	2,110

		本期損益	350
12/31	106,690	12/31	78,800
		12/31	27,890
	106,690		106,690

		服務收入	400
12/31	78,800	12/31 Bal.	78,800

		維修費用	622
12/31 Bal.	6,000	12/31	6,000

		折舊費用	711
12/31 Bal.	5,600	12/31	5,600

		保險費用	722
12/31 Bal.	3,100	12/31	3,100

		薪資費用	726
12/31 Bal.	72,000	12/31	72,000

		水電費用	732
12/31 Bal.	9,990	12/31	9,990

		利息費用	750
12/31 Bal.	10,000	12/31	10,000

(4)

碼雅公司
結帳後試算表
××年12月31日

	借方	貸方
現金	$ 25,110	
應收帳款	21,000	
預付保險金	3,600	
設備	56,800	
累計折舊—設備		$ 17,800
應付帳款		17,600
應付薪資		9,000
股本		60,000
保留盈餘		2,110
總額	$106,510	$106,510

7. (1)

調整分錄 J1

日期	會計項目及摘要	索引	借方	貸方
12/31	折舊費用－房屋	620	12,000	
	累計折舊－房屋	144		12,000
12/31	折舊費用—家具	621	9,600	
	累計折舊—家具	150		9,600
12/31	辦公用品費用	631	43,000	
	辦公用品	126		43,000
12/31	保險費用	722	16,500	
	預付保險費	130		16,500
12/31	預收租金收入	208	48,000	
	租金收入	429		48,000

12/31	應收帳款		112	2,800	
	租金收入		429		2,800
12/31	薪資費用		726	7,000	
	應付薪資		212		7,000
12/31	利息費用		718	8,333	
	應付利息		230		8,333
	($1,000,000 × 10% × 1/12 = $8,333)				

(2)

現金　　　　　　　　　　　　　　　　　　　　　　　　　　101

日期	摘要	索引	借方	貸方	餘額
12/31		✓			946,000

應收帳款　　　　　　　　　　　　　　　　　　　　　　　112

日期	摘要	索引	借方	貸方	餘額
12/31		J1	2,800		2,800

辦公用品　　　　　　　　　　　　　　　　　　　　　　　126

日期	摘要	索引	借方	貸方	餘額
12/31		✓			63,000
12/31		J1		43,000	20,000

預付保險費　　　　　　　　　　　　　　　　　　　　　　130

日期	摘要	索引	借方	貸方	餘額
12/31		✓			60,000
12/31		J1		16,500	43,500

房屋　　　　　　　　　　　　　　　　　　　　　　　　　143

日期	摘要	索引	借方	貸方	餘額
12/31		✓			1,270,000

累計折舊—房屋　　　　144

日期	摘要	索引	借方	貸方	餘額
12/31		J1		12,000	12,000

家具　　　　149

日期	摘要	索引	借方	貸方	餘額
12/31		✓			380,800

累計折舊—家具　　　　150

日期	摘要	索引	借方	貸方	餘額
12/31		J1		9,600	9,600

應付帳款　　　　201

日期	摘要	索引	借方	貸方	餘額
12/31		✓			133,000

預收租金收入　　　　208

日期	摘要	索引	借方	貸方	餘額
12/31		✓			74,000
12/31		J1	48,000		26,000

應付薪資　　　　212

日期	摘要	索引	借方	貸方	餘額
12/31		J1		7,000	7,000

應付利息　　　　230

日期	摘要	索引	借方	貸方	餘額
12/31		J1		8,333	8,333

應付抵押款　　　　275

日期	摘要	索引	借方	貸方	餘額
12/31		✓			1,000,000

股本　　　　　　　　　　　　　　　　　　　311

日期	摘要	索引	借方	貸方	餘額
12/31		✓			1,500,000

租金收入　　　　　　　　　　　　　　　　429

日期	摘要	索引	借方	貸方	餘額
12/31		✓			681,800
12/31		J1		48,000	729,800
12/31		J1		2,800	732,600

折舊費用—房屋　　　　　　　　　　　　620

日期	摘要	索引	借方	貸方	餘額
12/31		J1	12,000		12,000

折舊費用—家具　　　　　　　　　　　　621

日期	摘要	索引	借方	貸方	餘額
12/31		J1	9,600		9,600

維修費用　　　　　　　　　　　　　　　　622

日期	摘要	索引	借方	貸方	餘額
12/31					44,000

辦公用品費用　　　　　　　　　　　　　631

日期	摘要	索引	借方	貸方	餘額
12/31		J1	43,000		43,000

利息費用　　　　　　　　　　　　　　　　718

日期	摘要	索引	借方	貸方	餘額
12/31		J1	8,333		8,333

保險費用　　　　　　　　　　　　　　　　722

日期	摘要	索引	借方	貸方	餘額
12/31		J1	16,500		16,500

薪資費用　　　　　　　　　　　　　　726

日期	摘要	索引	借方	貸方	餘額
12/31		∨			510,000
12/31		J1	7,000		517,000

水電費用　　　　　　　　　　　　　　732

日期	摘要	索引	借方	貸方	餘額
12/31		∨			115,000

(3)

典晶品企業
調整後試算表
×1 年 12 月 31 日

	借方	貸方
現金	$ 946,000	
應收帳款	2,800	
辦公用品	20,000	
預付保險費	43,500	
房屋	1,270,000	
累計折舊—房屋		$ 12,000
家具	380,800	
累計折舊—家具		9,600
應付帳款		133,000
預收租金收入		26,000
應付薪資		7,000
應付利息		8,333
應付抵押款		1,000,000
股本		1,500,000
租金收入		732,600
薪資費用	517,000	
水電費用	115,000	
維修費用	44,000	
保險費用	16,500	
辦公用品費用	43,000	
折舊費用—房屋	12,000	
折舊費用—家具	9,600	
利息費用	8,333	
餘額	$3,428,533	$3,428,533

(4)

典晶品企業
綜合損益表
×1 年 10 月 1 日至 12 月 31 日

收入：		
租金收入		$732,600
費用：		
薪資費用	$517,000	
水電費用	115,000	
維修費用	44,000	
保險費用	16,500	
辦公用品費用	43,000	
折舊費用—房屋	12,000	
折舊費用—家具	9,600	
利息費用	8,333	
費用合計		(765,433)
本期淨損		$ (32,833)
其他綜合損益		0
本期綜合損益總額		$ (32,833)

典晶品企業
權益變動表
×1 年 10 月 1 日至 12 月 31 日

	股本	保留盈餘	權益合計
期初餘額	$1,500,000	$　　　0	$1,500,000
加：本期純益	—	(32,833)	(32,833)
期末餘額	$1,500,000	$(32,833)	$1,467,167

典晶品企業
資產負債表
×1 年 12 月 31 日

資產			負債	
現金		$ 946,000	應付帳款	$ 133,000
應收帳款		2,800	預收租金收入	26,000
辦公用品		20,000	應付薪資	7,000
預付保險費		43,500	應付利息	8,333
房屋	$1,270,000		應付抵押款	1,000,000
累計折舊—房屋	(12,000)	1,258,000	負債合計	$1,174,333
家具	$ 380,800		權益	
累計折舊—家具	(9,600)	371,200	股本	$1,500,000
			保留盈餘	(32,833)
			權益合計	$1,467,167
資產總計		$2,641,500	負債及權益總計	$2,641,500

8. (1)

日期	會計項目	借方	貸方
12 月 31 日	租金收入	732,600	
	本期損益		732,600
12 月 31 日	本期損益	765,433	
	薪資費用		517,000
	水電費用		115,000
	維修費用		44,000
	保險費用		16,500
	辦公用品費用		43,000
	折舊費用—房屋		12,000
	折舊費用—家具		9,600
	利息費用		8,333
12 月 31 日	保留盈餘	32,833	
	本期損益		32,833

(2)

		保留盈餘	320
12/31	32,833	10/1 Bal.	0
12/31 Bal.	32,833		

		本期損益	
12/31	765,433	12/31	732,600
		12/31	32,833
	765,433		765,433

		租金收入	429
12/31	732,600	12/31 Bal.	732,600

		折舊費用─房屋	620
12/31 Bal.	12,000	12/31	12,000

		折舊費用─家具	621
12/31 Bal.	9,600	12/31	9,600

		維修費用	622
12/31 Bal.	44,000	12/31	44,000

		辦公用品費用	631
12/31 Bal.	43,000	12/31	43,000

		利息費用	718
12/31 Bal.	8,333	12/31	8,333

		保險費用	722
12/31 Bal.	16,500	12/31	16,500

	薪資費用		726
12/31 Bal.	517,000	12/31	517,000

	水電費用		732
12/31 Bal.	115,000	12/31	115,000

(3)

典晶品企業
結帳後試算表
×1 年 12 月 31 日

	借方	貸方
現金	$ 946,000	
應收帳款	2,800	
辦公用品	20,000	
預付保險費	43,500	
房屋	1,270,000	
累計折舊—房屋		$ 12,000
家具	380,800	
累計折舊—家具		9,600
應付帳款		133,000
預收租金收入		26,000
應付薪資		7,000
應付利息		8,333
應付抵押款		1,000,000
股本		1,500,000
保留盈餘		(32,833)
總額	$2,663,100	$2,663,100

水電費用

12/31 Bal.	23,000	12/31	23,000

租金費用

12/31 Bal.	15,000	12/31	15,000

辦公用品費用

12/31 Bal.	4,000	12/31	4,000

折舊費用—設備

12/31 Bal.	7,500	12/31	7,500

利息費用

12/31 Bal.	2,100	12/31	2,100

(4)

科男公司
結帳後試算表
×1年12月31日

會計項目	借方	貸方
現金	$ 72,000	
應收帳款	49,000	
預付租金	12,000	
辦公用品	8,000	
設備	270,000	
累計折舊—設備		$ 27,000
應付帳款		32,000
應付票據		150,000
應付利息		2,100
應付薪資		7,000
預收服務收入		43,600
股本		132,000
保留盈餘		17,300
總額	$411,000	$411,000

會計達人

1. (1) 正確
   (2) 錯誤：勞務收入應完全滿足下列條件時，方得認列：
       (a) 收入金額能可靠衡量；
       (b) 與交易有關之經濟效益很有可能流入企業；
       (c) 報導期間結束日之交易完成程度能可靠衡量；及
       (d) 交易已發生之成本及完成交易尚須發生之成本能可靠衡量。

2. (1) (D)
   (2) (C)
   (3) (B)
   (4) (D)
   (5) (A)
   (6) (D)

3.

會計項目	調整前試算表 借方	調整前試算表 貸方	調整後試算表 借方	調整後試算表 貸方
應收帳款	2,500		6,530	
辦公用品	4,800		2,000	
預付保險費	8,800		4,500	
累計折舊—設備		5,500		6,700
應付薪資				6,000
預收收入		12,800		3,800
服務收入		208,950		221,980
薪資費用	27,000		33,000	
保險費			4,300	
辦公用品費用			2,800	
折舊費用			1,200	
水電費用			1,200	
現金				1,200

調整分錄

日期	會計項目	借方	貸方
12/31	應收帳款	4,030	
	服務收入		4,030
12/31	辦公用品費用	2,800	
	辦公用品		2,800
12/31	保險費	4,300	
	預付保險費		4,300
12/31	折舊費用	1,200	
	累計折舊—設備		1,200
12/31	預收收入	9,000	
	服務收入		9,000
12/31	薪資費用	6,000	
	應付薪資		6,000
12/31	水電費用	1,200	
	現金		1,200

4. (1)

大欣公司
綜合損益表
×1年度

會計項目	借方	貸方
收益		
服務收入		$19,300
費用		
租金費用	$2,500	
旅費	1,200	
折舊費用	2,600	
薪資費用	4,200	
辦公用品費用	200	
保險費用	500	
費用合計		11,200
本期淨利		$8,100
其他綜合損益		0
本期綜合損益總額		$8,100

(2)

大欣公司
權益變動表
×1年1月1日至12月31日

	普通股	保留盈餘	權益合計
期初餘額	$50,000	$6,000	$56,000
本期股東投資	0		0
本期損益		8,100	8,100
本期期末餘額	$50,000	$14,100	$64,000

(3)

大欣公司
資產負債表
×1年12月31日

資產				負債			
流動資產：				流動負債：			
現金		$20,000		應付帳款		$12,000	
應收帳款		15,000		應付票據		6,000	
應收票據		9,000		應付薪資		1,500	
辦公用品		600		流動負債合計			$19,500
預付保險費		4,500		長期負債			
流動資產合計			$49,100	長期應付票據		$40,000	40,000
營業資產：				負債總計			$59,500
土地		$30,000					
建築物	$46,000				權益		
減：累計折舊—建築物	(7,000)	39,000		普通股		$50,000	
辦公設備	$8,000			保留盈餘		14,100	
減：累計折舊—辦公設備	(2,500)	5,500		權益合計			64,100
營業資產合計			74,500				
資產總計			$123,600	負債及權益總計			$123,600

(4) 結帳分錄

(a) 結清收益類型

服務收入	19,300	
本期損益		19,300

(b) 結清費用類
　　本期損益　　　　　　　11,200
　　　　租金費用　　　　　　　　　　2,500
　　　　旅費　　　　　　　　　　　　1,200
　　　　折舊費用　　　　　　　　　　2,600
　　　　薪資費用　　　　　　　　　　4,200
　　　　辦公用品費用　　　　　　　　　200
　　　　保險費用　　　　　　　　　　　500

(c) 結清本期損益
　　本期損益　　　　　　　 8,100
　　　　保留盈餘　　　　　　　　　　8,100

Chapter 6
買賣業會計與存貨會計處理──永續盤存制

問答題

1. 服務業的損益表大致上是服務收入減去各項費用，即可得到當期損益。買賣業賣貨品給客戶，買賣業本身需要購買這些貨品，這是一項重大的成本，另外公司也需要購買辦公大樓、辦公設備等等與服務業一樣的資產才能營業。因此買賣業的損益則是分為兩階段計算，銷貨收入減去銷貨成本等於銷貨毛利，再減去與服務業類似的各類費用，才得到當期損益。

2. 購買商品時，存貨增加，因此借記存貨；在銷貨時也立刻記錄存貨的減少。這種作法好像是隨時在帳上追蹤（盤點）存貨剩下多少，因此稱為存貨的永續盤存制。

3. 起運點交貨（FOB shipping point）是指在起運地就算賣方將貨品交給買方，此時商品的所有權已由賣方移轉至買方，因此起運點之後的運費由買方負擔。相反的，目的地交貨（FOB destination）是指到達目的地後，賣方才算將貨品交給買方，此後的商品所有權才由賣方移轉至買方，因此到達目的地之前的運費由賣方負擔。

4. 銷貨退回、銷貨折讓與銷貨折扣。當買方發現進貨商品與訂單不符，將通知賣方將商品退回，此時，對賣方而言，稱為銷貨退回（sales return）。另外一種情況是買方驗收時發現商品有瑕疵，這種情況下一般有兩種處理方式：(1) 如果瑕疵品無法繼續使用，買方公司將商品退回（即進貨退回），對賣方而言，即為銷貨退回。(2) 如果瑕疵品可繼續使用，且賣方願意給予價格折讓，買方公司就收下商品，對賣方而言，稱為銷貨折讓（sales allowance）。再者，賣方為了鼓勵買方早一點付清帳款，雙方同意：如果買方在折扣期間內付款，賣方會給予買方「現金折扣」，這對賣方稱為銷貨折扣（sales discount）。

5. 買賣業的會計循環所需步驟與服務業完全相同，但做調整分錄時須對存貨盤盈或盤虧做處理：盤虧時，借記銷貨成本，貸記存貨；盤盈時，借記存貨，貸記銷貨成本。

選擇題

1. (D)   2. (C)   3. (A)
4. (D)   5. (C)   6. (C)
7. (B)
8. (B)   解析：因為超過10天方付款，故沒有獲得折扣
9. (C)   10. (B)   11. (C)
12. (B)   13. (C)   14. (B)

練習題

1. (1) ○○×○×
   (2) ×○××○
   (3) ××○×○

2.
日期	科目	借方	貸方
10/1	存貨	20,000	
	應付帳款		20,000
10/3	應收帳款	15,000	
	銷貨收入		15,000
	銷貨成本	8,000	
	存貨		8,000
10/5	銷貨運費	500	
	現金		500
10/7	應付帳款	1,000	
	存貨		1,000

	10/9	應付帳款	19,000	
		現金		18,620
		存貨		380
	10/11	銷貨退回與折讓	2,000	
		應收帳款		2,000
		存貨	1,200	
		銷貨成本		1,200
	10/13	現金	12,870	
		銷貨折扣	130	
		應收帳款		13,000
	10/17	存貨	30,000	
		應付帳款		30,000
	10/20	存貨	800	
		現金		800
	10/25	應收帳款	25,000	
		銷貨收入		25,000
		銷貨成本	13,000	
		存貨		13,000
	10/28	銷貨退回與折讓	3,000	
		應收帳款		3,000
		存貨	1,600	
		銷貨成本		1,600
	10/31	應付帳款	30,000	
		現金		30,000
3.	6/2	存貨	43,000	
		應付帳款		43,000
	6/7	應付帳款	5,000	
		存貨		5,000

6/8	存貨	600	
	現金		600
6/9	應收帳款	78,000	
	銷貨收入		78,000
	銷貨成本	44,000	
	存貨		44,000
6/11	應付帳款	38,000	
	存貨		380
	現金		37,620
6/16	銷貨退回與折讓	16,000	
	應收帳款		16,000
6/23	現金	60,760	
	銷貨折扣	1,240	
	應收帳款		62,000

4. (1) 分錄

(a)	存貨	150	
	現金		10
	應付票據		30
	應付帳款		110
(b)	應付帳款	15	
	存貨		15
(c)	存貨	29.7	
	現金		29.7
(d)	應付帳款	135	
	現金		132.3
	存貨		2.7
(e)	現金	200	
	應收帳款	700	
	銷貨收入		900
	銷貨成本	180	
	存貨		180

(f)	銷貨退回與折讓	30		
	應收帳款			30
	存貨	6		
	銷貨成本			6
(g)	用品	15		
	現金			15
(h)	現金	388		
	銷貨折扣	12		
	應收帳款			400
(i)	存貨	120		
	應付帳款			120
(j)	薪資費用	40		
	現金			40
(k)	現金	600		
	銷貨收入			600
	銷貨成本	120		
	存貨			120
(l)	應付帳款	150		
	現金			150

(2) 過帳

現金					應收帳款			
期初	200	(a)	10		期初	150	(f)	30
(e)	200	(c)	29.7		(e)	700	(h)	400
(h)	388	(d)	132.3		420			
(k)	600	(g)	15					
		(j)	40					
		(l)	150					
	1,011							

存貨					用品			
期初	72	(b)	15		期初	10		
(a)	150	(d)	2.7		(g)	15		
(c)	29.7	(e)	180			25	調整	15
(f)	6	(k)	120			10		
(i)	120							
	60	調整	6					
	54							

預付租金					土地			
期初	60				期初	400		
	60	調整	40			400		
	20							

設備					累計折舊—設備			
期初	250						期初	100
	250							100
							調整	25
								125

應付帳款					應付票據			
(b)	15	期初	140				期初	110
(d)	135	(a)	110				(a)	30
(l)	150	(i)	120					140
			70					

長期抵押應付款					股本			
		期初	200				期初	510
			200					510

保留盈餘					本期損益			
		期初	82		結帳	462	結帳	1,500
			82		結帳	1,038		
		結帳	1,038					
			1,120					

銷貨收入					銷貨退回與折讓			
		(e)	900		(f)	30		
		(k)	600			30	結帳	300
結帳	1,500		1,500					

銷貨折扣			
(h)	12		
	12	結帳	30

銷貨成本			
(e)	180	(f)	6
(k)	120		
	294		
調整	6		
	300	結帳	300

租金費用			
調整	40	結帳	40

薪資費用			
(j)	40		
	40	結帳	40

用品費用			
調整	15	結帳	15

折舊費用			
調整	25	結帳	25

(3) 調整分錄並過帳

```
用品費用           15
    用品                     15

租金費用           40
    預付租金                 40

折舊費用           25
    累計折舊—設備           25

銷貨成本            6
    存貨                      6
```

(4) 調整後試算表

<table>
<tr><td colspan="3" align="center">大穎公司
調整後試算表
×1年12月31日</td></tr>
<tr><td></td><td align="center">借方</td><td align="center">貸方</td></tr>
<tr><td>現金</td><td>$1,011</td><td></td></tr>
<tr><td>應收帳款</td><td>420</td><td></td></tr>
<tr><td>存貨</td><td>54</td><td></td></tr>
<tr><td>用品</td><td>10</td><td></td></tr>
<tr><td>預付租金</td><td>20</td><td></td></tr>
<tr><td>土地</td><td>400</td><td></td></tr>
<tr><td>設備</td><td>250</td><td></td></tr>
<tr><td>累計折舊—設備</td><td></td><td>$125</td></tr>
<tr><td>應付帳款</td><td></td><td>70</td></tr>
<tr><td>應付票據</td><td></td><td>140</td></tr>
<tr><td>長期抵押應付款</td><td></td><td>200</td></tr>
<tr><td>股本</td><td></td><td>510</td></tr>
<tr><td>保留盈餘</td><td></td><td>82</td></tr>
<tr><td>本期損益</td><td></td><td>0</td></tr>
<tr><td>銷貨收入</td><td></td><td>1,500</td></tr>
<tr><td>銷貨退回與折讓</td><td>30</td><td></td></tr>
<tr><td>銷貨折扣</td><td>12</td><td></td></tr>
<tr><td>銷貨成本</td><td>300</td><td></td></tr>
<tr><td>租金費用</td><td>40</td><td></td></tr>
<tr><td>薪資費用</td><td>40</td><td></td></tr>
<tr><td>用品費用</td><td>15</td><td></td></tr>
<tr><td>折舊費用</td><td>25</td><td></td></tr>
<tr><td>總計</td><td>$2,627</td><td>$2,627</td></tr>
</table>

(5) 結帳分錄

| 12/31 | 銷貨收入 | 1,500 | |
| | 　　本期損益 | | 1,500 |

本期損益	462	
銷貨退回與折讓		30
銷貨折扣		12
銷貨成本		300
租金費用		40
薪資費用		40
用品費用		15
折舊費用		25
本期損益	1,038	
保留盈餘		1,038

(6) 綜合損益表

大穎公司
綜合損益表
×1年度

銷貨收入		$1,500
銷貨退回與折讓	$30	
銷貨折扣	12	(42)
銷貨收入淨額		$1,458
銷貨成本		(300)
銷貨毛利		$1,158
營業費用		
租金費用	$40	
薪資費用	40	
用品費用	15	
折舊費用	25	(120)
本期淨利		$1,038
其他綜合損益		0
本期綜合損益總額		$1,038

(7) 權益變動表

大穎公司
權益變動表
×1年度

	股本	保留盈餘	權益合計
期初餘額	$510	$ 82	$ 592
本期淨利		1,038	1,038
期末餘額	$510	$1,120	$1,630

(8) 資產負債表

大穎公司
資產負債表
×1年12月31日

資產				負債			
流動資產				流動負債			
現金		$1,011		應付帳款		$ 70	
應收帳款		420		應付票據		140	
存貨		54		流動負債合計			$210
用品		10		非流動負債			
預付租金		20		長期抵押應付款		$200	
流動資產合計			$1,515	非流動負債合計			200
不動產、廠房及設備				負債合計			$410
土地		$400		權益			
設備	$250			股本		$ 510	
累計折舊—設備	(125)	125		保留盈餘		1,120	
不動產、廠房及設備合計			525	權益合計			1,630
資產總計			$2,040	負債及權益總計			$2,040

5. (1) 結帳分錄

① 銷貨收入　　　　　　55,000
　　　本期損益　　　　　　　　　　55,000

② 本期損益　　　　　　48,600
　　　銷貨退回與折讓　　　　　　　1,800
　　　銷貨折扣　　　　　　　　　　　400
　　　銷貨成本　　　　　　　　　36,000
　　　折舊費用　　　　　　　　　　2,000
　　　辦公用品費用　　　　　　　　　400
　　　薪資費用　　　　　　　　　　5,000
　　　租金費用　　　　　　　　　　3,000

③ 本期損益　　　　　　 6,400
　　　保留盈餘　　　　　　　　　　6,400

(2) 綜合損益表

大彥公司
綜合損益表
×1年度

銷貨收入		$55,000
減：銷貨退回與折讓	$1,800	
銷貨折扣	400	(2,200)
淨銷貨		$52,800
減：銷貨成本		(36,000)
銷貨毛利		16,800
減：銷管費用		
折舊費用	$2,000	
辦公用品費用	400	
薪資費用	5,000	
租金費用	3,000	(10,400)
本期淨利		$6,400
其他綜合損益		0
本期綜合損益總額		$6,400

(3) 權益變動表

大彥公司
權益變動表
×1年度

	股本	保留盈餘	權益合計
期初餘額	$43,000	$10,000	$53,000
本期淨利		6,400	6,400
本期股利		(2,000)	(2,000)
期末餘額	$43,000	$14,400	$57,400

(4) 資產負債表

大彥公司
資產負債表
×1年12月31日

流動資產	$45,400	流動負債	$48,000
不動產、廠房及設備	80,000	非流動負債	20,000
		權益	57,400
資產總計	$125,400	負債及權益總計	$125,400

6. (1)
12/31	銷貨成本	3,800	
	存貨		3,800

(2)
12/31	銷貨收入	1,925,000	
	本期損益		1,925,000
12/31	本期損益	1,813,300	
	銷貨折扣		44,000
	銷貨退回與折讓		71,500
	銷貨成本		1,147,800
	運費		38,500
	保險費用		66,000
	租金費用		110,000
	薪資費用		335,500
12/31	本期損益	111,700	
	保留盈餘		111,700

7. (1) $231,000　　(= $2,970,000 − $2,739,000)

　(2) $891,000　　(= $2,739,000 − $1,848,000)

　(3) $396,000　　(= $891,000 − $495,000)

　(4) $3,300,000　(= $3,135,000 + $165,000)

　(5) $1,881,000　(= $3,135,000 − $1,254,000)

　(6) $759,000　　(= $1,254,000 − $495,000)

應用問題

1.

日期	借方科目	金額	貸方科目	金額
8/3	存貨	21,240		
	應付帳款			21,240
8/4	應收帳款	10,400		
	銷貨收入			10,400
	銷貨成本	8,200		
	存貨			8,200
8/5	運費支出	720		
	現金			720
8/6	應付帳款	1,000		
	存貨			1,000
8/12	應付帳款	20,240		
	存貨			405
	現金			19,835
8/13	現金	10,296		
	銷貨折扣	104		
	應收帳款			10,400
8/15	存貨	8,800		
	現金			8,800
8/18	存貨	22,680		
	應付帳款			22,680

8/20	存貨	350	
	現金		350
8/23	現金	12,800	
	銷貨收入		12,800
	銷貨成本	10,240	
	存貨		10,240
8/25	存貨	11,900	
	現金		11,900
8/27	應付帳款	22,680	
	存貨		680
	現金		22,000
8/29	銷貨退回與折讓	180	
	現金		180
	存貨	60	
	銷貨成本		60
8/30	應收帳款	7,400	
	銷貨收入		7,400
	銷貨成本	6,500	
	存貨		6,500

2. (1) 大觀公司分錄

| 12/31 | 存貨 | 500 | |
| | 　銷貨成本 | | 500 |

(2) 結帳分錄

12/31	銷貨收入	80,000	
	利息收入	3,000	
	本期損益		83,000

本期損益	77,200	
銷貨退回與折讓		3,000
銷貨折扣		1,000
銷貨成本		54,500
銷貨運費		900
薪資費用		12,500
折舊費用		3,000
水電費用		1,500
用品費用		800
本期損益	5,800	
保留盈餘		5,800

3. (1) 綜合損益表

大愛公司
綜合損益表
×1年度

銷貨收入		$60,000
銷貨退回與折讓	$800	
銷貨折扣	500	(1,300)
銷貨淨額		$58,700
銷貨成本		(38,000)
銷貨毛利		$20,700
營業費用		
折舊費用	$1,000	
辦公用品費用	1,000	
薪資費用	4,000	
租金費用	2,000	(8,000)
營業淨利		$12,700
營業外費損		
利息費用		(1,500)
本期淨利		$11,200
其他綜合損益		0
本期綜合損益總額		$11,200

(2) 權益變動表

大愛公司
權益變動表
×1年度

	股本	保留盈餘	權益合計
期初餘額	$23,000	$5,000	$28,000
本期淨利	—	11,200	11,200
期末餘額	$23,000	$16,200	$39,200

(3) 資產負債表

大愛公司
資產負債表
×1年12月31日

資產			負債		
流動資產			流動負債		
現金		$11,700	應付帳款		$5,000
應收帳款		14,500	應付票據		1,000
辦公用品		500	預收收入		3,000
存貨		11,000	流動負債合計		$9,000
預付租金		5,000	非流動負債		
流動資產合計		$42,700	長期應付票據		$20,000
不動產、廠房及設備			應付公司債		28,000
辦公設備	$28,000		長期負債合計		$48,000
累計折舊—辦公設備	(3,000)	$25,000	負債合計		$57,000
運輸設備	38,500		權益		
累計折舊—運輸設備	(10,000)	28,500	股本		$23,000
不動產、廠房及設備合計		$53,500	保留盈餘		16,200
資產總計		$96,200	權益合計		$39,200
			負債及權益總計		$96,200

(4) 結帳分錄

① 銷貨收入　　　　　　　60,000
　　　本期損益　　　　　　　　　　60,000

② 本期損益　　　　　　　48,800
　　　銷貨退回與折讓　　　　　　　　800
　　　銷貨折扣　　　　　　　　　　　500
　　　銷貨成本　　　　　　　　　38,000
　　　折舊費用　　　　　　　　　　1,000
　　　辦公用品費用　　　　　　　　1,000
　　　薪資費用　　　　　　　　　　4,000
　　　保險費用　　　　　　　　　　2,000
　　　租金費用　　　　　　　　　　2,000
　　　利息費用　　　　　　　　　　1,500

③ 本期損益　　　　　　　11,200
　　　保留盈餘　　　　　　　　　　11,200

4. (1) 分錄

1/5	存貨	500	
	應付帳款		500
1/8	應付帳款	50	
	存貨		50
1/15	應付帳款	450	
	存貨		9
	現金		441
1/25	應付帳款	200	
	現金		200
2/1	存貨	9	
	現金		9

第 133 頁

日期	科目	借方	貸方
2/15	現金	300	
	應收帳款	600	
	銷貨收入		900
	銷貨成本	300	
	存貨		300
2/18	銷貨退回與折讓	225	
	應收帳款		225
	存貨	75	
	銷貨成本		75
2/23	現金	367.5	
	銷貨折扣	7.5	
	應收帳款		375
3/15	辦公用品	36	
	現金		36
3/16	存貨	150	
	應付帳款		150
3/20	薪資費用	120	
	現金		120
3/25	現金	168	
	應收帳款	600	
	銷貨收入		768
	銷貨成本	240	
	存貨		240
3/30	水電費用	30	
	現金		30

(2) 過帳

現金			
1/1	830	1/15	441
2/15	300	1/25	200
2/23	367.5	2/1	9
3/25	168	3/15	36
		3/20	120
		3/30	30
	829.5		

應收帳款			
1/1	240	2/18	225
2/15	600	2/3	375
3/25	600		
	840		

存貨			
1/1	235	1/8	50
1/5	500	1/15	9
2/1	9	2/15	300
2/18	75	3/25	240
3/6	150		
	370		
3/31	10		
	380		

辦公用品			
1/1	30		
3/15	36		
	66	3/31	46
	20		

預付租金			
1/1	50		
	50	3/31	40
	10		

土地			
1/1	900		
	900		

設備			
1/1	600		
	600		

累計折舊—運輸設備			
		1/1	180
			180
		3/31	7.5
			187.5

應付帳款			
1/8	50	1/1	420
1/15	450	1/5	500
1/25	200	3/16	150
			370

應付票據			
		1/1	350
			350

應付水電費			
		3/31	10
			10

長期負債			
		1/1	880
			880

股本			
		1/1	950
			950

保留盈餘			
		1/1	105
			105
		3/31	727
			832

銷貨收入			
		2/15	900
		3/25	768
3/31	1,668		1,668

銷貨退回與折讓			
2/18	225		
	225	3/31	225

銷貨折扣			
2/23	7.5		
	7.5	3/31	7.5

銷貨成本			
2/15	300	2/18	75
3/25	240		
	465	3/31	10
		3/31	455

租金費用			
3/31	40		
	40	3/31	40

薪資費用			
3/20	120		
	120	3/31	120

用品費用			
3/31	46		
	46	3/31	46

折舊費用			
3/31	7.5		
	7.5	3/31	7.5

水電費用			
3/30	30		
3/31	10		
	40	3/31	40

本期損益			
3/31	941	3/31	1,668
3/31	727		

(3) 調整前試算表

大偉公司
調整前試算表
×1年3月31日

	借方	貸方
現金	$829.5	
應收帳款	840	
存貨	370	
辦公用品	66	
預付租金	50	
土地	900	
設備	600	
累計折舊—設備		$180
應付帳款		370
應付票據		350
應付水電費		0
長期負債		880
股本		950
保留盈餘		105
銷貨收入		1,668
銷貨退回與折讓	225	
銷貨折扣	7.5	
銷貨成本	465	
租金費用	0	
薪資費用	120	
用品費用	0	
折舊費用	0	
水電費用	30	
合計	$4,503	$4,503

(4) 工作底稿

大偉公司
工作底稿
X1年1月1日至3月31日

會計項目	調整前試算表 借方	調整前試算表 貸方	調整欄 借方	調整欄 貸方	調整後試算表 借方	調整後試算表 貸方	綜合損益表 借方	綜合損益表 貸方	權益變動表 借方	權益變動表 貸方	資產負債表 借方	資產負債表 貸方
現金	$829.50				$829.50						$829.50	
應收帳款	840.00				840.00						840.00	
存貨	370.00				370.00						380.00	
辦公用品	66.00			(1) $46.00	20.00						20.00	
預付租金	50.00			(2) 40.00	10.00						10.00	
土地	900.00				900.00						900.00	
設備	600.00				600.00						600.00	
累計折舊—設備		$180.00		(3) 7.50		$187.50						$187.50
應付帳款		370.00				370.00						370.00
應付票據		350.00				350.00						350.00
應付水電費		0		(4) 10.00		10						10.00
長期負債		880.00				880.00						880.00
股本		950.00				950.00			950.00			
保留盈餘		105.00				105.00			105.00			
銷貨收入		1,668.00				1,668.00		1,668.00				
銷貨退回與折讓	225.00				225.00		225.00					
銷貨折扣	7.50				7.50		7.50					
銷貨成本	465.00				455.00		455.00					
租金費用	0		(2) 40.00		40.00		40.00					
薪資費用	120.00				120.00		120.00					
用品費用	0		(1) 46.00		46.00		46.00					
折舊費用	0		(3) 7.50		7.50		7.50					
水電費用	30.00		(4) 10.00		40.00		40.00					
	$4,503.00	$4,503.00	$113.50	$113.50	$4,520.50	$4,520.50	$941.00	$1,668.00				
本期損益							727.00			727.00		
							$1,668.00	$1,668.00	$0.00	$1,782.00		
期末權益									$1,782.00			$1,782.00
									$1,782.00	$1,782.00	$3,579.50	$3,579.50

第 138 頁

(5) 分錄

1. 3/31	用品費用	46		
		辦公用品		46
2.	租金費用	40		
		預付租金		40
3.	折舊費用	7.5		
		累計折舊—設備		7.5
4.	水電費用	10		
		應付水電費用		10
5.	存貨	10		
		銷貨成本		10

(6) 綜合損益表

大偉公司
綜合損益表
×1年1月1日至3月31日

銷貨收入總額		$1,668
銷貨退回與折讓	$225	
銷貨折扣	7.5	(232.5)
銷貨收入淨額		$1435.5
銷貨成本		(455)
銷貨毛利		$980.5
營業費用		
租金費用	$ 40	
薪資費用	120	
用品費用	46	
折舊費用	7.5	
水電費用	40	(253.5)
本期淨利		$727
其他綜合損益		0
本期綜合損益總額		$727

(7) 權益變動表

<table>
<tr><td colspan="4" align="center">大偉公司
權益變動表
×1年3月31日</td></tr>
<tr><td></td><td>股本</td><td>保留盈餘</td><td>權益合計</td></tr>
<tr><td>期初餘額</td><td>$950</td><td>$105</td><td>$1,055</td></tr>
<tr><td>本期淨利</td><td>—</td><td>727</td><td>727</td></tr>
<tr><td>期末餘額</td><td>$950</td><td>$832</td><td>$1,782</td></tr>
</table>

(8) 資產負債表

大偉公司
資產負債表
×1年12月31日

資產			負債	
流動資產			流動負債	
現金		$829.5	應付帳款	$370
應收帳款		840	應付票據	350
存貨		380	應付水電費	10
辦公用品		20	流動負債合計	$730
預付租金		10	非流動負債	$880
流動資產合計		$2,079.5	負債合計	$1,610
不動產、廠房及設備			權益	
土地		$900	股本	$950
設備	$600		保留盈餘	832
減：累計折舊—設備	(187.5)	412.5	權益合計	$1,782
不動產、廠房及設備合計		$1,312.5	負債及權益總計	$3,392
資產總計		$3,392.0		

(9) 結帳分錄

① 銷貨收入　　　　　　1,668
　　　本期損益　　　　　　　　　1,668

② 本期損益　　　　　　941
　　　銷貨退回與折讓　　　　　225
　　　銷貨折扣　　　　　　　　7.5
　　　銷貨成本　　　　　　　　455
　　　租金費用　　　　　　　　40
　　　薪資費用　　　　　　　　120
　　　用品費用　　　　　　　　46
　　　折舊費用　　　　　　　　7.5
　　　水電費用　　　　　　　　40

③ 本期損益　　　　　　727
　　　保留盈餘　　　　　　　　727

會計達人

1. (1) 銷貨淨額 = $380,000 − $60,000 + $45,000 = $365,000
   (2) 進貨淨額 = $260,000 − $65,000 + $80,000 = $275,000
   (3) 銷貨成本 = $98,000 + $275,000 − $125,000 = $248,000
   (4) 折舊費用 = $15,000 − $12,000 = $3,000
       營業費用 = $3,000 + ($17,500 + $380,000 − $260,000 − $35,000) = $105,500
   (5) 權益 = $35,000 + $45,000 + $125,000 + $36,000 − $15,000 − $80,000 = $146,000

2. (1) 銷貨淨額 = 銷貨收入 − 銷貨退回與折讓
       銷貨運費應列為銷售費用
   (2) 進貨折扣不應為其他收入，應列為進貨之減項
   (3) 期初存貨 = $35,100 ÷ 25% = $140,400
       期末存貨 = $140,400 + $35,100 = $175,500
   (4) 佣金支出 = $51,800 + $5,000 = $56,800
       租金費用 = $70,000 − $5,000 = $65,000
   (5) 利息支出應重分類為營業外支出
       股東提取非費用，應列為權益減項

艾買商店
綜合損益表
×8年1月1日至12月31日

銷貨收入			
銷貨收入總額			$1,559,000
銷貨退回與折讓			(26,000)
銷貨收入淨額			$1,533,000
銷貨成本			
存貨(1/1)		$ 140,400	
進貨	$926,500		
減：進貨折扣	(39,200)		
加：進貨運費	38,900		
進貨淨額		926,200	
可供銷售商品成本		$1,066,600	
存貨(12/31)		(175,500)	
銷貨成本			(891,100)
銷貨毛利			$ 641,900
營業費用			
銷售費用			
薪資費用	$114,000		
廣告費用	78,200		
折舊費用	12,000		
佣金支出	56,800		
銷貨運費	55,000		
銷售費用總額		$ 316,000	
管理費用			
薪資費用	$ 62,300		
雜費	8,500		
租金費用	65,000		
管理費用總額		135,800	
營業費用總額			(451,800)
營業淨利			$ 190,100
營業外收入			
租金收入		$ 24,800	
營業外支出			
利息支出		(5,000)	
營業外利益			19,800
本期淨利			$ 209,900
其他綜合損益			0
本期綜合損益總額			$ 209,900

3.

日期	科目	借方	貸方
3月1日	存貨	5,500	
	應付帳款		5,500
3日	存貨	8,000	
	應付帳款		8,000
4日	存貨	400	
	現金		400
5日	應收帳款	4,000	
	銷貨收入		4,000
	銷貨成本	3,200	
	存貨		3,200
6日	應付帳款	1,000	
	存貨		1,000
7日	銷貨退回與折讓	200	
	應收帳款		200
	存貨	160	
	銷貨成本		160
9日	應付帳款	4,500	
	存貨		45
	現金		4,455
10日	存貨	9,500	
	應付帳款		9,500
11日	存貨	500	
	現金		500
15日	現金	3,724	
	銷貨折扣	76	
	應收帳款		3,800
17日	應收帳款	10,000	
	銷貨收入		10,000

		銷貨成本	8,000	
		存貨		8,000
18日		銷貨運費	850	
		應收帳款		850
20日		應付帳款	9,500	
		存貨		190
		現金		9,310
25日		應付帳款	8,000	
		現金		8,000
28日		應收帳款	3,000	
		銷貨收入		3,000
		銷貨成本	2,400	
		存貨		2,400
30日		現金	8,100	
		銷貨收入		8,100
		銷貨成本	6,480	
		存貨		6,480

4. 7月收現數：

(1) 客戶獲得之銷貨折扣：($150,000 – $10,000) × 2% = $2,800

(2) 銷貨總額：$80,000 + $150,000 + $40,000 + $50,000 = $320,000

(3) 銷貨退回與折讓：$15,000 + $10,000 + $3,000 + $1,000 = $29,000

(4) 收現數：$320,000 – $50,000 – ($29,000 – $1,000) – $2,800 = $239,200

會計分錄：

日期	會計項目	借方	貸方
7/5	應收帳款	80,000	
	銷貨收入		80,000
7/6	銷貨退回與折讓	15,000	
	應收帳款		15,000

7/17	應收帳款	150,000	
	銷貨收入		150,000
7/19	銷貨退回與折讓	10,000	
	應收帳款		10,000
7/20	應收帳款	40,000	
	銷貨收入		40,000
7/24	銷貨退回與折讓	3,000	
	應收帳款		3,000
7/25	現金	65,000	
	應收帳款		65,000
7/27	現金	137,200	
	銷貨折扣	2,800	
	應收帳款		140,000
7/30	應收帳款	50,000	
	銷貨收入		50,000
7/31	銷貨退回與折讓	1,000	
	應收帳款		1,000
7/31	現金	37,000	
	應收帳款		37,000
8/5	現金	48,510	
	銷貨折扣	490	
	應收帳款		49,000

5. 全加公司：

12/1	應收帳款	520,000	
	銷貨收入		520,000
12/2	應收帳款	8,000	
	現金		8,000
12/6	銷貨退回	120,000	
	應收帳款		120,000

12/15	現金	300,000	
	銷貨折扣	6,000	
	應收帳款		306,000

[($520,000 – $120,000) × 3/4 × 0.98] + $8,000 × 3/4 = $300,000
($520,000 – $120,000) × 3/4 × 0.02 = $6,000

| 12/25 | 現金 | 102,000 | |
| | 　應收帳款 | | 102,000 |

($520,000 – $120,000 + $8,000) ×1/4 = $102,000

來爾富公司：

| 12/1 | 存貨 | 520,000 | |
| | 　應付帳款 | | 520,000 |

| 12/2 | 存貨 | 8,000 | |
| | 　應付帳款 | | 8,000 |

| 12/6 | 應付帳款 | 120,000 | |
| | 　存貨 | | 120,000 |

12/15	應付帳款	306,000	
	存貨		6,000
	現金		300,000

| 12/25 | 應付帳款 | 102,000 | |
| | 　現金 | | 102,000 |

6. (1) $1,200 可取得之折扣 = $1,200 × 2% = $24

　　$1,200 可賺得之利息（20天，8%）= $1,200 × 8% × 20/360 = $5.3

　　雁姿若在折扣條件期間付款，可節省 $24 – $5.3 = $18.7

　　因此他應該在折扣期間內付款

(2) 假設年利率為 x %，則 $\$98 \times (x\% \times \dfrac{20\text{天}}{360\text{天}}) = \$2$

$$x\% = \dfrac{\$2}{\$98} \times \dfrac{360\text{天}}{20\text{天}} = 36.73\%。$$

或 $\$1,176 \times (x\% \times \dfrac{20\text{天}}{360\text{天}}) = \$24$

$\Rightarrow x\% = 36.73\%$。

7. (a) $384,000 (b) $170,000 (c) $120,000
   (d) $774,000 (e) $524,000 (f) $234,000

(10 單位 × 單價 $20) + (40 單位 × 單價 $22) + (20 單位 × 單價 $21)
 + (10 單位 × 單價 $25) = $1,750

$1,750 + $50 = $1,800

16. (A)

$650,000 + ($3,250,000 + $250,000 − $325,000) − $4,000,000 × (1 − 20%) = $625,000

$625,000 − $600,000 = $25,000

練習題

1.

定期盤存制	永續盤存制
1. 賒購： 　進貨　　　　450,000 　　應付帳款　　　　450,000 $150 × 3,000 = $450,000	1. 賒購： 　存貨　　　　450,000 　　應付帳款　　　　450,000
2. 賒銷： 　應收帳款　　637,500 　　銷貨　　　　　637,500 $150 ×170% × 2,500 = $637,500	2. 賒銷： 　應收帳款　　637,500 　　銷貨　　　　　637,500 $150 × 170% × 2,500 = $637,500 　銷貨成本　　　375,000 　　存貨　　　　　375,000 $150 × 2,500 = $375,000
3. 期末調整： 　期末存貨　　101,550 　銷貨成本　　375,450 　　進貨　　　　　450,000 　　期初存貨　　　 27,000 $150 × 677 = $101,550 $150 × 180 = $27,000	3. 期末調整： 　銷貨成本　　　450 　　存貨　　　　　　450 $27,000 + $450,000 − $375,000 = $102,000 $102,000 − $101,550 = $450

2.

		單位數	單位成本	金額
6/1	期初存貨	100	$41	$ 4,100
6/5	進貨	300	42	12,600
6/15	進貨	250	42.5	10,625
6/25	進貨	125	42	5,250
	可供銷售商品	775		$32,575

期末存貨尚剩餘之單位：775 – 620 = 155

(1) 先進先出法

　　期末存貨 = $42 × 125 + $42.5 × 30 = $6,525

　　銷貨成本 = $32,575 – $6,525 = $26,050

(2) 加權平均法

　　單位平均成本 = $32,575 ÷ 775 = $42

　　期末存貨 = $42 × 155 = $6,510

　　銷貨成本 = $32,575 – $6,510 = $26,065

3.

	成本	淨變現價值	逐項比較法	分類比較法
機油				
嘉實多	$250,000	$285,000	$250,000	
亞拉	300,000	280,000	280,000	
小計	$550,000	$565,000		$550,000
輪胎				
固特異	$700,000	$705,000	700,000	
倍耐力	835,000	800,000	800,000	
小計	$1,535,000	$1,505,000		1,505,000
總計	$2,085,000	$2,070,000	$2,030,000	$2,055,000
期末存貨跌價損失			$55,000	$30,000

調整分錄：

	逐項比較法	分類比較法
銷貨成本	55,000	30,000
備抵存貨跌價損失	55,000	30,000

4. 可供銷售商品成本 = ($6,000 ×30) + ($7,000 × 40) + ($8,000 × 30) = $700,000
   銷貨成本 = $800,000 × (1 – 30%) = $560,000
   月底存貨成本 = $700,000 – $560,000 = $140,000

5. 可供銷售商品成本 = $80,000 + $153,000 – $2,000 – $3,000 + $3,000 = $231,000
   銷貨淨額 = $250,000 – $5,000 = $245,000
   (1) 本期銷貨成本
       $245,000 × (1 – 30%) = $171,500

   (2) 期末存貨成本
       $231,000 – $171,500 = $59,500

6. 錯誤(1)：進貨多計，　　淨利少計　$30,000
   錯誤(2)：進貨存貨均少計，淨利　　　無影響
   錯誤(3)：期末存貨少計，　淨利少計　$28,000
   　　　　　　　　　　　　淨利少計　$58,000

7. 銷貨毛利率為銷貨成本的 25%，我們可以假設銷貨毛利為 $25，而銷貨成本為 $100，則銷貨為 $125，因此如果銷貨毛利改為銷貨毛利與銷貨之關係，則為 $25 ÷ $125 = 20%
   可供銷售商品成本 = $520,000 + $372,000 – $58,000 = $834,000
   銷貨成本 = $560,000 × (1 – 20%) = $448,000
   9月30日存貨金額 = $834,000 – $448,000 = $386,000

8. 淨變現價值 = ($1,350,000 × 30%) – $100,000 = $305,000
   存貨跌價損失 = $1,000,000 – $305,000 = $695,000

   調整分錄：

   銷貨成本　　　　　　　　695,000
   　　存貨跌價損失　　　　　　　　　695,000

9. 存貨週轉率 = $350,000 ÷ ($50,000 + $90,000) / 2 = 5
   存貨平均週轉天數 = 365 ÷ 5 = 73（天）

10. 期末存貨先進先出法為 1,320，平均成本法為 1,303
    (1) 先進先出法

日期		進貨			銷貨			餘額		
月	日	數量	單價	金額	數量	單價	金額	數量	單價	金額
1	1							3	$600	$1,800
	10				2	$600	$1,200	1	600	600
	12	6	660	3,960				1 6	600 660	600 3,960
	16				1 4	600 660	600 2,640	2	660	1,320

(2) 平均成本法

日期		進貨			銷貨			餘額		
月	日	數量	單價	金額	數量	單價	金額	數量	單價	金額
1	1							3	$600	$1,800
	10				2	600	1,200	1	600	600
	12	6	660	3,960				7	651.43*	4,560
	16				5	651.43	3,257	2	651.43	1,303

* 平均成本法 = ($600 + $3,960) ÷ 7 = $651.43

應用問題

1.

定期盤存制（實地盤存制）	永續盤存制
1. 賒購： 　進貨　　　　550,000 　　應付帳款　　　　550,000 $220 × 2,500 = $550,000	1. 賒購： 　存貨　　　　550,000 　　應付帳款　　　　550,000 $220 × 2,500 = $550,000
2. 購貨退回： 　應付帳款　　110,000 　　進貨退回　　　　110,000 $220 × 500 = $110,000	2. 購貨退回： 　應付帳款　　110,000 　　存貨　　　　　　110,000 $220 × 500 = $110,000
3. 賒銷： 　應收帳款　　560,000 　　銷貨　　　　　　560,000 $350 × 1,600 = $560,000	3. 賒銷： 　應收帳款　　560,000 　　銷貨　　　　　　560,000 $350 × 1,600 = $560,000

定期盤存制（實地盤存制）	永續盤存制
	銷貨成本　　352,000 　　存貨　　　　　352,000 $220 × 1,600 = $352,000
4. 銷貨退回： 　銷貨退回　　35,000 　　應收帳款　　　35,000 $350 × 100 = $35,000	4. 銷貨退回： 　銷貨退回　　35,000 　　應收帳款　　　35,000 $350 × 100 = $35,000 　存貨　　　　22,000 　　銷貨成本　　　22,000 $220 × 100 = $22,000
5. 期末調整： 　期末存貨　　164,560 　銷貨成本　　330,440 　進貨退回　　110,000 　　進貨　　　　　550,000 　　期初存貨　　　55,000 $220 × 748 = $164,560 $220 × 250 = $55,000	5. 期末調整： 　銷貨成本　　440 　　存貨　　　　　440 $55,000 + $550,000 − $110,000 − $352,000 + $22,000 = $165,000 $165,000 − $164,560 = $440

2. (1) 移動平均法

日期	進貨 數量	進貨 單價	進貨 金額	銷貨 數量	銷貨 單價	銷貨 金額	結存 數量	結存 單價	結存 金額
1/1	200	$11	$2,200				200	$11.00	$2,200
2/8				75	$11.00	$ 825	125	11.00	1,375
3/10	150	13	1,950				275	12.09	3,325
4/20				200	12.09	2,418	75	12.09	907
5/30	450	14	6,300				525	13.73	7,207
7/10				300	13.73	4,119	225	13.72	3,088
9/10	200	15	3,000				425	14.32	6,088
11/15				300	14.32	4,296	125	14.34	1,792
12/10	175	16	2,800				300	15.31	4,592

(2) 先進先出法

日期	進貨 數量	進貨 單價	進貨 金額	銷貨 數量	銷貨 單價	銷貨 金額	結存 數量	結存 單價	結存 金額
1/1	200	$11	$2,200				200	$11	$2,200
2/8				75	$11	$825	125	11	1,375
3/10	150	13	1,950				125 150	11 13	1,375 1,950
4/20				125 75	11 13	1,375 975	75	13	975
5/30	450	14	6,300				75 450	13 14	975 6,300
7/10				75 225	13 14	975 3,150	225	14	3,150
9/10	200	15	3,000				225 200	14 15	3,150 3,000
11/15				225 75	14 15	3,150 1,125	125	15	1,875
12/10	175	16	2,800				125 175	15 16	1,875 2,800

3.

(1)(a) 定期盤存制之先進先出法

期初存貨 (200 × $5)		$1,000
進貨		
6/12 (300 × $6)	$1,800	
6/23 (500 × $7)	3,500	5,300
可供銷售商品成本		$ 6,300
減：期末存貨 (160 × $7)		(1,120)
銷貨成本		$ 5,180

(b) 定期盤存制之平均成本法

$$\frac{\text{可供銷售商品成本}}{\$6,300} \div \frac{\text{可供銷售單位數合計}}{1,000} = \frac{\text{加權平均單位成本}}{\$6.30}$$

期末存貨 (160 × $6.30) = $1,008
銷貨成本 (840 × $6.30) = $5,292

可供銷售商品成本：

存貨	200 @ $5	$1,000
6月12日進貨	300 @ $6	1,800
6月23日進貨	500 @ $7	3,500
可供銷售商品成本合計		$6,300

(2)(a) 永續盤存制之先進先出法

日期	進貨	銷貨成本	餘額
6月 1日			(200 @ $5) $1,000
6月12日	(300 @ $6) $1,800		(200 @ $5) } $2,800 (300 @ $6)
6月15日		(200 @ $5) $1,000 (200 @ $6) 1,200	(100 @ $6) $ 600
6月23日	(500 @ $7) $3,500		(100 @ $6) } $4,100 (500 @ $7)
6月27日		(100 @ $6) 600 (340 @ $7) 2,380 $5,180	(160 @ $7) $1,120

期末存貨：$1,120；銷貨成本: $6,300 – $1,120 = $5,180

(2)(b) 永續盤存制之平均成本法

日期	進貨	銷貨	餘額
6月 1日			(200 @ $5) $1,000
6月12日	(300 @ $6) $1,800		(500 @ $5.60) $2,800
6月15日		(400 @ $5.60) $2,240	(100 @ $5.60) $ 560
6月23日	(500 @ $7) $3,500		(600 @ $6.767) $4,060
6月27日		(440 @$6.767) $2,977 $5,217	(160 @ $6.767) $1,083

期末存貨: $1,083；銷貨成本: $6,300 – $1,083 = $5,217

(3) 在定期和永續盤存制下，先進先出法會產生相同的期末存貨和銷貨成本。

4.

	×1	×2
期初存貨	$ 20,000	$ 28,000
進貨成本	150,000	175,000
可供銷售商品成本	$170,000	$203,000
正確期末存貨	(28,000)[a]	(41,000)[b]
銷貨成本	$142,000	$162,000

[a] $30,000 − $2,000 = $28,000。
[b] $35,000 + $6,000 = $41,000。

5.

銷貨淨額 ($51,000 − $1,000)	$50,000
減：估計毛利 (30% × $50,000)	(15,000)
估計銷貨成本	$35,000
期初存貨	$20,000
進貨成本 ($31,200 − $1,400 + $1,200)	31,000
可供銷售商品成本	$51,000
減：估計銷貨成本	(35,000)
估計損失商品成本	$16,000

6. ×3 年 = $600,000 + $20,000 = $620,000
   ×4 年 = $670,000 + $20,000 − $15,000 = $675,000
   ×5 年 = $730,000 + $20,000 − $15,000 + $10,000 = $745,000

7.

	×3 年	×4 年	×5 年
存貨週轉率：	$\dfrac{\$1{,}275{,}000}{(\$150{,}000+\$450{,}000)\div 2}$ = 4.25（次）	$\dfrac{\$1{,}680{,}000}{(\$450{,}000+\$600{,}000)\div 2}$ = 3.2（次）	$\dfrac{\$1{,}800{,}000}{(\$600{,}000+\$720{,}000)\div 2}$ = 2.73（次）

存貨週轉天數：
365 ÷ 4.25 = 85.88（天）　　　365 ÷ 3.2 = 114.06（天）　　　365 ÷ 2.73 = 133.70（天）

評論：瘦子精品店存貨週轉天數逐年上升，代表精品出貨速度變緩，銷售較不順暢，應注意可能的影響因素（如精品式樣、價格等）而尋求對策。

會計達人

1.

	先進先出法之存貨	加權平均法之存貨	存貨評價之差異	對當期銷貨毛利之影響
×1 年底	$12,500	$11,750	$ 750	$750
×2 年底	10,640	9,500	1,140	390
×3 年底	21,900	19,900	2,000	860
×4 年底	18,500	16,250	2,250	250

	加權平均法之銷貨毛利		先進先出法之銷貨毛利
×1 年底	$250,000	+ $750 =	$250,750
×2 年底	$220,000	+ $390 =	$220,390
×3 年底	$180,000	+ $860 =	$180,860
×4 年底	$185,000	+ $250 =	$185,250

2.

(1) 可供銷售商品成本：

日　　期	單　位	單位成本	總成本
6/30	10	$10,000	$100,000
7 月	30	9,500	285,000
8 月	15	9,300	139,500
9 月	20	8,600	172,000
總和	75		$696,500

(2) 第 3 季季末之存貨數量 = (10 + 30 + 15 + 20) − 50 = 25（個）

先進先出法

a. 期末存貨：

日期	單位	單位成本	總成本
9 月	20	$8,600	$172,000
8 月	5	9,300	46,500
	25		$218,500

b. 銷貨成本：

可供銷售商品成本	$696,500
減：期末存貨	(218,500)
銷貨成本	$478,000

平均成本法

a. 期末存貨：			b. 銷貨成本：	
$696,500 ÷ 75 = $9,287			可供銷售商品成本	$696,500
單位	單位成本	總成本	減：期末存貨	(232,175)
25	$9,287	$232,175	銷貨成本	$464,325

3. (1) 本期進貨 = $280,000 +$15,000+ $760,000 – $200,000 = $855,000

　　本期進貨淨額 = $855,000 – $15,000 = $840,000

(2) 預期銷貨成本 = ($1,500,000 – $32,000) ÷ 125% = $1,174,400

　　預計存貨應有餘額 = $550,000 + $855,000 – $15,000 – $1,174,400 = $215,600

　　預計火災損失 = **$215,600**– $7,000 – $8,000 = $200,600

4. (1)

	×4 年度	×5 年度
調整前淨利	$100,000	$130,000
1. 金融資產評價利益	2,000	3,000
2. ×3 年底存貨低估	(20,000)	
×4 年底存貨低估	40,000	(40,000)
×5 年底存貨低估		30,000
3. ×3 年底漏記預收貨款	30,000	
×4 年底漏記預收貨款	(50,000)	50,000
×5 年底漏記預收貨款		(39,000)
4. ×3 年底漏記應收租金	(8,000)	
×4 年底漏記應收租金	6,000	(6,000)
×5 年底漏記應收租金		12,000
正確淨利	$100,000	$140,000

(2)

	×5年底資產餘額	×5年底負債餘額
調整前餘額	$3,300,000	$1,200,000
1. 金融資產低估	2,000	
2. ×5年底存貨低估	30,000	
3. ×5年底漏記預收貨款		39,000
4. ×5年底漏記應收租金	12,000	
正確餘額	$3,344,000	$1,239,000

5. (1) 正確進貨淨額金額 = $66,000 − $3,000 − $1,000 = $62,000

　　　正確期初存貨金額 = $6,000

　　　正確期末存貨金額 = $7,400 − $500 + $1,200 = $8,100

　　　正確銷貨成本 = $6,000 + $62,000 − $8,100 = $59,900

   (2) 平均存貨餘額 = ($6,000 + $8,100) ÷ 2 = $7,050

　　　存貨週轉率 = $59,900 ÷ 7,050 = 8.5

   (3) 存貨平均銷售天數 = 360 ÷ 8.5 = 42.35（天）

Chapter 8
現金及內部控制

問答題

1. 現金管理控制的關鍵點在於,確定職能分工及交易程序書面化等內部控制原則的執行,以確保現金管理的有效性。相關現金管理通則,彙總如下:

   (1) 現金保管與會計記錄工作應由不同人負責。
   (2) 任何交易應避免由一人或一部門負責完成,以利相互核對勾稽。
   (3) 盡可能地集中現金作業的收取或支付,且收付現金立即適當地記入帳冊。
   (4) 銀行調節表應定期由出納與處理現金帳務以外之人員編製或覆核。

   關於現金收入、現金支出之內部控制,詳請參閱課本內容之相關說明。

2. (1) 零用金之功用:
   公司設置現金支出內部控制制度後,所有支出都應該要按照規定程序審核,並以支票或匯款方式支付。由於其程序較為繁複,對於日常金額微小的支出,則以「零用金」支付。

   (2) 零用金之內部控制:
   零用金制度應採定額零用金制,即一開始時先提撥一固定現金數額交給零用金保管員;領用人檢具原始憑證並經適當層級主管核准後,才可以向零用金保管員申請付款;在零用金將用盡前(或定期)由零用金保管員填寫零用金報銷清單,連同原始憑證交付會計部門,申請撥補所報銷之金額。

3. 康康先不應該生氣,因為公司帳載銀行存款金額與銀行記錄不同時,並不代表公司有舞弊的情況,應該要分析「公司帳載」與「銀行記錄」之差異原因,此時可藉由銀行調節表來幫助分析。有可能是公司已記,而銀行尚未記載,例如在途存款、

未兌現支票、銀行帳載錯誤等；也有可能是銀行已記，公司尚未記載，例如銀行代收票據、代付費用、存款不足退票、公司帳載錯誤等。

4. NSF 代表 not sufficient fund 客戶存款不足，所以 NSF 支票即為存款不足退票，是指客戶開給公司的即期支票，經票據交換後發現客戶的存款不足支付，公司存入銀行後，遭到銀行退票。由於公司在收到票據時已記為現金帳戶的加項，故遭到退票時，應在銀行調節表中作為銀行存款之減少，並將此退票金額轉為應收帳款。

選擇題

1. (B) 零用金撥補之金額：$5,000 − $1,300 = $3,700

　　收據總額：$1,000 + $500 + $2,100 = $3,600

　　有現金短缺：$100

　　零用金之撥補分錄為：

各項費用	3,600	
現金短溢	100	
現金		3,700

2. (B)

3. (C) $50,000 + $1,500,000 + $2,500,000 + $6,500,000 = $10,550,000

4. (B)　　　　　　　　**5.** (A)　　　　　　　　**6.** (D)

7. (A)　$4,500 + $1,500 + ($8,500 − $5,800) = $8,700

8. (A)　　　　　　　　**9.** (C)

10. (C)　註：本題之 B 部分略為超出範圍

11. (B)　　　　　　　　**12.** (B)

13. (D)；撥補時，借記：「各項費用」$6,800、「現金缺溢」$200，貸記：「現金」$7,000

14. (C)

練習題

1. 「現金及銀行存款」之餘額 = $5,000 + $50,000 + $8,000 + $25,000 + $3,000 = $91,000

　　註：台新銀行 2 年期定存單不在現金項下。

2.

水電費用	10,800	
銷貨運費	1,200	
辦公用品費用	520	
廣告費用	3,000	
書報雜誌	1,100	
雜項費用	2,500	
現金短溢	10	
銀行存款		19,130

3.

×5/11/1	零用金	30,000	
	銀行存款		30,000
×5/11/18	無分錄		
×5/11/30	文具用品	1,314	
	郵電費	3,960	
	書報雜誌費	599	
	交通費	1,789	
	交際費	1,200	
	現金短溢	59	
	銀行存款		8,921
×5/12/31	雜項支出	1,545	
	職工福利	8,900	
	郵電費	450	
	現金短溢		39
	零用金		10,856
×6/1/1	零用金	10,856	
	銀行存款		10,856

4.

	內部控制缺失	改進之道
(1) 公司的支票未經編號	不易完整地記錄、追蹤每張支票	支票應預先編號
(2) 支票於付款後，與相關憑證一併彙存	支票於「付款後」才與相關憑證一併彙存，可能會有重複付款的情形	於開具支票時，即應將相關憑證加蓋付訖章及日期，以避免日後重複付款
(3) 公司的會計人員於下班後將現金存入銀行	會計人員不應接觸現金，錢與帳應分由不同人管理	應由出納員負責點收現金並存入銀行
(4) 所有支出均以支票付款	日常零星支出以零用金支付，較符合成本效益原則	設置零用金制度
(5) 公司的會計人員每月定期編製銀行存款調節表	因會計人員負責公司帳的處理，所以調節表不應由會計人員處理	應由會計及出納以外的第三人負責編製，較不會有內控的瑕疵

5. 正確餘額 = \$275,000 + \$25,000 − \$40,000 = \$260,000

帳載餘額 = \$260,000 + \$50,000 − \$80,000 + \$700 = \$230,700

6. 正確餘額 = \$87,500 + \$8,500 − \$25 = \$95,975

假設未兌現支票金額為 Y

則 \$94,700 + \$22,500 − Y = \$95,975

所以 Y 應為 \$21,225

7. 正確餘額 = \$23,800 − \$200 − \$6,200 = \$17,400

在途存款金額 = \$17,400 − \$20,370 + \$4,500 = \$1,530

8. 正確餘額 = \$368,500 + \$68,500 − \$80,000 = \$357,000

公司原帳載餘額 = \$357,000 − \$50,400 + \$950 = \$307,550

應用問題

1. (1) 現金項目餘額

= $15,000 零用金 + $500,000 商業本票存款 + $2,000,000 儲蓄存款 = $2,515,000

(2)

巨人公司
資產負債表（部分）
×6 年 12 月 31 日

資產：	
按攤銷後成本衡量之金融資產（註1）	$ 600,000
應收票據（註2）	125,000
暫付款（註3）	180,000
其他應收款（註4）	200,000
其他金融資產（註5）	2,000,000

註1：超過3個月，故不符合現金定義。
註2：因非即期票據，無法於向銀行提示時，立刻領取現金，故帳列「應收票據」項目。
註3：將來員工檢據報銷時，未用完而繳回的部分才能視為現金，可先列為「暫付款」或「預付費用」項目。
註4：係員工先向公司暫借款項，公司產生非因銷售商品或提供勞務行為而來之債權，故應帳列「其他應收款」。
註5：償債基金未符合現金之要件，列為「其他金融資產項下」。

2.

1/1	零用金	2,000	
	現金		2,000

1月7日、1月13日、1月20日不作分錄，作備忘錄

2/1	水電費	700	
	交通費	1,260	
	現金		1,960

3/1	現金	200	
	零用金		200

3.

銀行對帳單餘額		$ 8,980
加：在途存款		6,625
減：未兌現支票		(2,600)
正確餘額		$13,005
公司帳載餘額		$11,000
加：銀行代收款		2,800
利息收入		25
減：銀行手續費		(820)
正確餘額		$13,005

註：$25,400 – ($21,975 – $3,200) = $6,625
　　$28,600 – ($29,800 – $3,800) = $2,600

4.

薔薇之戀經紀公司
銀行存款調節表
9月30日

銀行對帳單餘額	$11,284
加：在途存款	1,271
減：未兌現支票	(2,058)
正確餘額	$10,497
公司帳載餘額	$ 8,894
加：銀行代收票據	1,650
減：銀行手續費	(20)
公司帳載錯誤	(27)
正確餘額	$10,497

5.

<table>
<tr><td colspan="4" align="center">黃綠紅冷凍速食批發公司
銀行調節表
6 月 30 日</td></tr>
<tr><td>銀行對帳單</td><td>$ 0.85X</td><td>公司帳上餘額</td><td>$ X</td></tr>
<tr><td>　加：在途存款</td><td>63,000</td><td>　加：代收票據</td><td>29,000</td></tr>
<tr><td>　　　錯誤更正</td><td>3,850</td><td>　　　利息收入</td><td>87</td></tr>
<tr><td>　減：未兌現支票</td><td>(47,820)</td><td>　　　錯誤更正</td><td>540</td></tr>
<tr><td></td><td></td><td>　減：銀行帳戶管理費</td><td>(900)</td></tr>
<tr><td></td><td></td><td>　　　存款不足退票</td><td>(55,000)</td></tr>
<tr><td>正確餘額</td><td>?</td><td>正確餘額</td><td>?</td></tr>
</table>

設公司帳上餘額為 X

$0.85X + \$63,000 + \$3,850 - \$47,820$
　$= X + \$29,000 + \$87 + \$540 - \$900 - \$55,000$

故 $X = \$302,020$

(1) 正確銀行存款餘額
　$= (\$302,020 \times 0.85) + \$63,000 + \$3,850 - \$47,820 = \$275,747$

(2) 公司帳面餘額 $= \$302,020$

(3) 銀行對帳單餘額 $= \$302,020 \times 0.85 = \$256,717$

會計達人

1. (1)「現金」項目餘額如下：

零用金	$ 3,000
活期存款	20,000
支票存款	1,000
定期存款（2 個月期）	50,000
合　計	$74,000

<table>
<tr><td colspan="2" align="center">藍海公司
資產負債表（部分）
×8年12月31日</td></tr>
<tr><td>資產：</td><td></td></tr>
<tr><td>現金</td><td>$74,000</td></tr>
<tr><td>應收票據（註1）</td><td>22,000</td></tr>
<tr><td>預付費用（註2）</td><td>1,800</td></tr>
<tr><td>其他應收款（註3）</td><td>9,000</td></tr>
<tr><td>暫付款（註4）</td><td>12,000</td></tr>
</table>

註1：因非即期票據，無法於向銀行提示時，立刻領取現金，故帳列「應收票據」項目。

註2：郵票並未符合現金之三要件，列為「預付費用」。因為金額不大，且郵票很快會被用完，有時直接列為費用。

註3：係員工先向公司暫借款項，公司產生非因營業行為而來之債權，故應帳列「其他應收款」。

註4：將來檢據報銷時，未用完而繳回的部分才能視為現金，可先列為「暫付款」或「預付費用」項目。

2. (1) 正確餘額：

帳列餘額		$105,301
加：代收票據	$11,500	
利息收入	680	12,180
減：銀行手續費	$　800	
公司錯誤 ($25,000 – $2,500)	22,500	
銀行代扣利息	4,060	
存款不足退票	8,500	(35,860)
		$ 81,621

(另解)

銀行對帳單餘額	$85,850
加：在途存款	24,351
銀行誤支	8,320
減：未兌現支票 (合計)	(32,050)
銀行誤存	(4,850)
	$ 81,621

(2) 調整分錄

利息費用	4,060	
其他費用	800	
應收帳款	8,500	
進貨	22,500	
應收票據		11,500
利息收入		680
現金		23,680

3. (1) 12 月 31 日在途存款 = $312,000 – ($300,000 – $25,000) = $37,000
    12 月 31 日未兌現支票 = ($268,600 – $3,600) – ($280,000 – $52,000) = $37,000
   (2) 12 月 31 日銀行對帳單餘額 = $95,800 + $300,000 – $280,000 – $5,300 + $2,000
       = $112,500
    正確餘額 = $112,500 + $37,000 – $37,000 = $112,500
   (3) 調整分錄：
    ×5 年 12 月 31 日

現金	300	
手續費	5,300	
辦公設備		3,600
應收票據		2,000

4. (1)

星巴克公司
銀行調節表
×5 年 7 月 31 日

銀行對帳單	$31,736	公司帳上餘額	$31,870
加：在途存款	11,408	加：錯誤更正	9
減：未兌現支票	(5,921)	貸項通知	6,958
錯誤更正	(900)	減：其他損失	(1,200)
		借項通知	(1,314)
正確餘額	$36,323	正確餘額	$36,323

註：在途存款 ＝ 7 月份現金收入 – 屬於 7 月份之存款已入帳部分
　　　　　＝ $99,870 – [$ 92,862 – ($5,600 – $1,200)] = $11,408
　未兌現支票 = [$88,450 – ($959 – 950)] – [$88,520+($5,400 – $4,500) –$6,900]
　　　　　＝ $5,921

(2)

銀行存款	6,967	
應收票據		6,958
應付帳款		9
手續費	1,314	
其他損失	1,200	
銀行存款		2,514

(3) 登帳錯誤金額雖小($9)，但顯示會計人員之素質應再強化。另$1,200之所謂在途存款，由於未能有存款憑據，應調查相關人員之存款作業記錄。一般而言，會計人員只應負責帳務處理，不應親自至銀行存款。

Chapter 9
應收款項

問答題

1. 銷貨折扣、銷貨折讓在綜合損益表上作為銷貨收入的抵銷項目,會使銷貨淨額減少。

   若是目的地交貨,銷貨運費應由賣方負擔,賣方應在綜合損益表上列為銷售費用;若起運點交貨,那麼運費由買方承擔,賣方只是代墊費用,應作為應收款項的加項。

   預期信用減損損失在綜合損益表上列為費用的一部分。

   備抵損失在資產負債表上列為應收帳款的評價項目,作為應收帳款的減少。

2. 應收帳款承購、應收帳款質押與應收票據貼現等三種方式。

   所謂承購(factoring)係指公司將銷貨或提供勞務而取得之應收帳款之債權,於到期前出售予應收帳款管理公司(factor),應收帳款管理公司可能為商業銀行或其他金融機構,負責之業務主要包括徵信工作、風險承擔、催收帳務管理,以及市場諮詢等。在應收帳款承購過程中,應收帳款管理公司於扣除相關手續費用後,會先支付現金給出售帳款公司,並進行收帳管理以及承擔日後可能之預期信用減損損失風險。

   公司賒銷商品或勞務予顧客所產生之應收帳款,也可以透過質押作為向銀行借款的擔保。在此情形下,公司仍是應收帳款的所有人,且須自行負責收款,並承擔預期信用減損損失風險。應收帳款質押與上述之 應收帳款承購之主要不同處在於追索權。應收帳款質押融資有追索權(with recourse),也就是說如果顧客無法償還貨款,公司必須償還銀行借款;而應收帳款承購則無追索權(without recourse)。

   應收票據貼現係指公司於票據到期日前,於票據上背書,將票據轉移給銀行以提早取得現金。票據貼現若無追索權,則銀行要負擔帳款無法收回的風險。但如果

票據貼現時附追索權，則一旦開票人無法支付本息時，貼現人（即公司）須負責償還。

3. IFRS 規範評估應收帳款減損的原則，應以帳款未來預期回收金額之折現值為基礎，亦即不能以銷貨百分比估列預期信用減損損失，此作法代表對資產負債表法之認同。

4. 你應該告訴阿姑，貼現息的公式如下：貼現息 = 票據到期值 × 貼現利率 × 貼現期間，至於票據到期值和貼現期間的觀念，你可以進一步告訴阿姑參閱課本之說明。

選擇題

1. (B) 2. (C)

3. (B) (備抵損失是預估無法收回的款項)

4. (B) ($1,500,000 × 2%) – $12,000 = $18,000

5. (D) 期末備抵損失應有餘額 $60,000 × 4% = $2,400
   本期應認列信用減損損失：$2,400 – $100 = $2,300

6. (D) 備抵損失 ×6 年底之餘額：
   期初 $65,000 + 本期提列 $22,000 – 本期沖銷 = $72,000
   所以本期沖銷金額為 $15,000

7. (D) 8. (B) 9. (B)

10. (D) 11. (C) 12. (A)

13. (C) 365 ÷ 25 = 14.6
    14.6 × $500,000 = $7,300,000

14. (C) 票據到期值 = $60,000 × (1+6% × 4/12) = $61,200
    貼現可得現金 = $61,200 – $61,200 × 10% × 3/12 = $59,670

練習題

1. (1) 備抵損失應有餘額 = $680,000 × 2% = $13,600
   預期信用減損損失提列數 = $13,600 + $1,600 = $15,200

(2) 調整後備抵損失餘額 = $13,600

(3) 提列預期信用減損損失之分錄：

   預期信用減損損失   15,200
    備抵損失   15,200

2. (1) 備抵損失應有餘額 = ($500,000 × 3%) + ($100,000 × 25%) = $40,000

  預期信用減損損失提列數 = $40,000 − $12,000 = $28,000

 (2) 調整後備抵損失餘額 = $40,000

3. 沖銷前：$50,000 − $7,500 = $42,500

 沖銷後：($50,000 − $500) − ($7,500 − $500) = $42,500

 可見應收帳款沖銷之前後，對應收帳款之淨變現價值沒有影響。

4. ×4 年 12 月 31 日

   預期信用減損損失   15,000
    備抵損失   15,000
   $500,000 × 3% = $15,000

 ×5 年 4 月 15 日

   備抵損失   10,000
    應收帳款   10,000

 ×5 年 7 月 1 日

   應收帳款   10,000
    備抵損失   10,000

   現金   10,000
    應收帳款   10,000

5.

   備抵損失   16,000
    應收帳款   16,000

   應收帳款   2,000
    備抵損失   2,000

現金	2,000	
應收帳款		2,000
預期信用減損損失	18,000	
備抵損失		18,000

[22,000 – (18,000 – 16,000 + 2,000)]

6.

現金	2,026,500	
手續費	73,500	
應付票據		2,100,000

借款金額 $3,000,000 × 0.7 = $2,100,000

手續費 $2,100,000 × 0.035 = $73,500

7. (1) 4 月 12 日
(2) 6 月 19 日
(3) 10 月 1 日
(4) 11 月 4 日

8. 票據到期值 = $100,000 × (1 + 7% × 6/12) = $103,500

貼現息 = $103,500 × 9% × 3/12 = $2,329

貼現值 = $103,500 – $2,329 = $101,171

利息收入 = $101,171 – $100,000 = $1,171

現金	101,171	
應收票據		100,000
利息收入		1,171

9. 平均應收帳款 = (300 萬 + 350 萬) ÷ 2 = 325 萬

平均應收帳款週轉率 = 1,500 萬 ÷ 325 萬 = 4.62 次

平均應收帳款收款期間 = 365 ÷ 4.62 = 79 天

應用問題

1. ×3 年 11 月 1 日

應收帳款	80,000	
銷貨收入		80,000

×3 年 11 月 5 日

銷貨退回	8,000	
應收帳款		8,000

$80,000 \times 1/10 = \$8,000$

×3 年 11 月 10 日

現金	70,560	
銷貨折扣	1,440	
應收帳款		72,000

$\$72,000 \times 2\% = \$1,440$

$\$72,000 - \$1,440 = \$70,560$

2. (1) 應收帳款中可能無法收回之估計數

$= (\$1,260,000 \times 1\%) + (\$180,000 \times 5\%) + (\$100,000 \times 10\%) + (\$80,000 \times 20\%)$

$+ (\$50,000 \times 30\%) + (\$30,000 \times 90\%) = \$89,600$

(即×5 年底備抵損失應有之餘額)

預期信用減損損失 $= \$89,600 + \$10,400 = \$100,000$

(2) 調整後備抵損失餘額 $= \$89,600$

(3) 提列預期信用減損損失分錄：

預期信用減損損失	100,000	
備抵損失		100,000

3. (1)

應收票據	180,000	
現金		180,000

(2)

應收帳款	184,050	
應收票據		180,000
利息收入		4,050

		(3)	應收帳款	184,050	
			應收票據		180,000
			利息收入		4,050
			備抵損失	184,050	
			應收帳款		184,050

4.	12/1	應收票據	200,000	
		現金		200,000
	12/10	應收票據	25,000	
		銷貨收入		25,000
	12/15	應收票據	15,000	
		應收帳款		15,000
	12/31	應收利息	1,531	
		利息收入		1,531

($200,000 × 8% × 1/12) + ($25,000 × 9% × 21/360) + ($15,000 × 10% × 16/360)
= $1,333 + $131 + $67 = $1,531

5.	×1/3/1	應收票據	10,000	
		應收帳款		10,000
	×1/7/1	應收票據	24,000	
		現金		24,000
	×1/12/31	應收利息	1,000	
		利息收入*		1,000

[$10,000×12%×(10/12)]

	×1/12/31	應收利息	1,200	
		利息收入*		1,200

[$24,000×10%×(6/12)]

×2/3/1	現金	11,200	
	應收票據		10,000
	應收利息		1,000
	利息收入*		200
	[$10,000×12%×(2/12)]		
×2/5/1	應收帳款	26,000	
	應收票據		24,000
	應收利息		1,200
	利息收入*		800
	[$24,000×10%×(4/12)]		

會計達人

1. (1) 估計損失率 ＝ $1,500 ÷ $50,000 ＝ 3%
   應收帳款餘額 ＝ $50,000 + $520,000 – $20,000 – $480,000 ＝ $70,000
   備抵損失應有餘額 ＝ $70,000 × 3% ＝ $2,100
   預期信用減損損失 ＝ $2,100 – $1,500 ＝ $600
   (2) 調整後備抵損失餘額 ＝ $2,100
   (3) 提列預期信用減損損失之分錄：

預期信用減損損失	600	
備抵損失		600

2.
   (1)

×4 年中	備抵損失	5,600	
	應收帳款		5,600
×4 年中	應收帳款	800	
	備抵損失		800
	現金	800	
	應收帳款		800

   ×4 年底 備抵損失調整前餘額 ＝ $4,400 – $5,600 + $800 ＝ ($400)

預期信用減損損失 = $5,600 + $400 = $6,000

  預期信用減損損失   6,000
   備抵損失   6,000

(2) 期末應收帳款餘額 = $134,400 + $973,600 − $24,800 − $926,600 − $5,600
          = $151,000
 期末應收帳款淨額 = $151,000 − $5,600 = $145,400
 期初應收帳款淨額 = $134,400 − $4,400 = $130,000
 應收帳款週轉率 = ($973,600 − $24,800) ÷ [($130,000 + $145,400) ÷ 2] = 6.89

3. (1) 調整前備抵損失餘額 = $40,000 + $25,000 − $50,000 = $15,000
  應收帳款餘額 = $1,000,000 + $10,000,000 − $20,000 − $50,000
         − ($9,800,000 × 75%) − [($9,800,000 × 25%) ÷ 98%]
      = $1,080,000
 損失率 = $40,000 ÷ $1,000,000 = 4%
 調整後備抵損失餘額 = $1,080,000 × 4% = $43,200
 應調整金額 = $43,200 − $15,000 = $28,200

  預期信用減損損失   28,200
   備抵損失   28,200

(2)

金山公司
資產負債表（部分）
民國×3年12月31日

應收帳款	$1,080,000
減：備抵損失	(43,200)
應收帳款淨額	$1,036,800

4.

 (1) 直接沖銷法下×4年預期信用減損損失 = $70,000 + $90,000
                = $160,000

備抵法下×4 年預期信用減損損失 = $90,000 + $120,000 +$30,000
                              = $240,000

採直接沖銷法使×4 年淨利高估 $80,000

(2) 備抵法下×5 年預期信用減損損失 = $50,000 + $70,000
                              = $120,000

(3) ×5 年底備抵損失餘額 = $30,000 + $70,000 = $100,000

5. (1)

帳款賒欠期間	估計違約率	×6 年底金額	預期信用減損損失提列數
未逾期	1%	$2,200,000	$22,000
逾期 30 天以內	5%	150,000	7,500
逾期 31 天～60 天	7%	100,000	7,000
逾期 61 天～90 天	10%	80,000	8,000
逾期 91 天～120 天	15%	60,000	9,000
逾期超過 120 天	20%	10,000	2,000
總計		$2,600,000	$55,500

預期信用減損損失　　　　　　　　　　25,500
　　備抵損失　　　　　　　　　　　　　　　　25,500

預期信用減損損失提列數 = $55,500 – $30,000 = $25,500

(2) 備抵損失　　　　　　　　　　　　10,000
　　　應收帳款　　　　　　　　　　　　　　　10,000

(3) 應收帳款　　　　　　　　　　　　5,000
　　　備抵損失　　　　　　　　　　　　　　　5,000

　　現金　　　　　　　　　　　　　　5,000
　　　應收帳款　　　　　　　　　　　　　　　5,000

6. (1) 銷售 100 件之分錄：

應收帳款 ($100 × 100)　　　　　　　10,000
　　銷貨收入 ($90 × 100)　　　　　　　　　　9,000
　　退款負債　　　　　　　　　　　　　　　　1,000

(2) 認列銷貨成本：

銷貨成本 ($50 × 90)	4,500	
收回資產之權利 ($50 × 10)	500	
存貨 ($50 × 100)		5,000

(3) 本題若進一步假設客戶於期限內退回 6 件商品，則相關分錄為：

現金 ($100 × 94)	9,400	
退款負債	1,000	
應收帳款		10,000
銷貨收入 ($100 × 4)		400
存貨 ($50 × 6)	300	
銷貨成本 ($50 × 4)	200	
收回資產之權利		500

7. (1) ×1 年 12 月 25 日

應收帳款	10,780	
銷貨收入		10,780

　　　($12,000 − $1,000) × 98% = $10,780

(2) 台北公司收到之實際對價金額為：($12,000 − $800) × 98% = $10,976
　　　與原先估計之對價金額 $10,780 差異為 $196，應作為銷貨收入之調整。

×2 年 1 月 20 日

現金	10,976	
應收帳款		10,780
銷貨收入		196

8. (1) ×6 年度銷貨成本 = 期初存貨 $160,000 + 本期進貨 $297,000 + 進貨運費 $6,000 − 進貨退回與折讓 $3,000 − 期末存貨 $145,000 = $315,000

(2) ×6 年銷貨金額：

　　銷貨收入 = 銷貨成本 $315,000 + 銷貨毛利 $125,000 = $440,000
　　賒銷金額 = 銷貨收入 $440,000 − 現金銷貨 $90,000 = $350,000

(3) 期末應收帳款餘額 ＝ 期初應收帳款餘額 $120,000 ＋ 賒銷金額 $350,000 － 應收帳款收現數 $390,000 － 應收帳款實際沖銷數 $5,000 ＝ $75,000

(4) ×6 年應提列之預期信用減損損失：

　　a. 期末備抵損失應有餘額 ＝ 期末應收帳款餘額 $75,000 × 預計損失率 2% ＝ $1,500

　　b. 應提列之預期信用減損損失 ＝ 期末備抵損失應有餘額 $1,500 ＋ 調整前備抵損失借方餘額 $3,000 ＝ $4,500

應收帳款		備抵損失	
期初　120,000　　收現　　390,000		沖銷金額 5,000	期初　　　2,000
賒銷　350,000　　沖銷金額 5,000			本期調整？
期末　$75,000　　×損失率 2%			期末　　$1,500

9.

(1) 票據到期值 ＝ $300,000 × (1 ＋ 7% × 6/12) ＝ $310,500
　　貼現息 ＝ $310,500 × 12% × 4/12 ＝ $12,420
　　貼現可得現金 ＝ $310,500 － $12,420 ＝ $298,080

(2) 票據帳面金額 ＝ $300,000 × (1 ＋ 7% × 2/12) ＝ $303,500
　　貼現損失 ＝ $303,500 － $298,080 ＝ $5,420

Chapter 10
不動產、廠房及設備與遞耗資產

問答題

1. 不動產、廠房及設備係指同時符合下列條件之有形項目：
   (a) 用於商品或勞務之生產或提供、出租予他人或供管理目的而持有；及
   (b) 預期使用期間超過一期。

2. 可能 MBI 的總裁誤認為會計的折舊會增加現金收入，事實上折舊雖然是一種非現金的費用項目，但不代表其有現金流入。又折舊純粹是不動產、廠房及設備成本分攤的程序，與重新購置資產所需之現金是如何籌措完全無關。

3. (1) 各折舊方法下，其折舊費用之比較：
      若以直線法提列折舊，則在耐用年限內的每個階段皆提列同額的折舊費用。若以倍數餘額遞減法或年數合計法提列折舊，則在耐用年限早期階段將提列較多的折舊費用。
   (2) 各折舊方法下，其不動產、廠房及設備在資產負債表上帳面金額之比較：
      由於倍數餘額遞減法或年數合計法在耐用年限早期階段所提列之折舊費用較直線法多，所以倍數餘額遞減法或年數合計法在耐用年限早期階段，其不動產、廠房及設備帳面金額會較直線法為低。

4. 在經濟耐用年限內，常會發生一些正常維修、增添或改良的支出。正常維修是為保持正常營運效率而發生的支出，例如汽車運輸設備的保養及更換機油、機器的定期維修保養及更換零件等。這些支出在發生時即列為維修費用而與當期收入相配合，所以稱為收益支出。

    相對地，增添或改良的支出，則可以提高營運效率、生產能量或延長資產的耐用年限，通常這類型的支出金額較大，而且在資產的使用期間較少發生，因此支出時不列為當期的維修費用，而是以借記資產（即增加資產的成本），或借記累計折舊（即增加資產的帳面金額）的方式作會計記錄，因而常被稱為資本支出。原則上資本支出若能延長資產耐用年限者，應以支出之金額借記累計折舊，若資

本支出不能延長資產之使用年數，則應借記該資產帳戶。

選擇題

1. (C) $96,000 + $7,000 + $6,000 + $3,000 + $2,000 = $114,000
2. (C)
3. (B) ($20,000 + $1,000 + $2,500 － $3,500) ÷ 5 = $4,000
4. (A)
5. (A) ($115,500 – $5,500) ÷ 8 = $13,750
    ×1 年 7 月 1 日～×3 年 12 月 31 日之折舊費用 = $13,750 × 2.5 年 = $34,375
    ×3 年 12 月 31 日之帳面金額 = $115,500 – $34,375 = $81,125
    ×4 年度估計變動後之剩餘耐用年限：×4 年～×7 年底，共計 4 年
    ×4 年應提列之折舊費用 = ($81,125 – $1,125) ÷ 4 年 = $20,000
6. (B)　　　　　　　　　7. (D)　　　　　　　　8. (C)
9. (B) 減損金額 = ($1,200,000 – $400,000) – $780,000 = $20,000
10. (C) 機器帳面金額 = $440,000 – ($440,000 ÷ 4) = $330,000

練習題

1. 土地：$600,000 + $10,500 – $3,000 + $9,000 + $3,600 = $620,100
   房屋：$750,000 + $15,000 + $1,000 + $2,400 = $768,400
   土地改良：$10,000 + $3,000 + $18,000 = $31,000

2. $200,000 × 85% = $170,000
   [$170,000 × 1/2 × (1 – 3%)] + ($170,000 × 1/2) = $167,450
   機器成本：$167,450 + $3,000 + $2,000 = $172,450

3.

	鑑價結果	分攤比例		總成本		分攤成本
塑膠射出成型機	$280,000	280/400	×	$280,000	=	$196,000
繪圖機	40,000	40/400	×	$280,000	=	28,000
包裝機	80,000	80/400	×	$280,000	=	56,000
合計	$400,000					$280,000

4. (1) 直線法
   ×6 年度折舊費用 = ($315,000 – $15,000) ÷ 5 = $60,000

折舊費用	60,000	
累計折舊		60,000

(2) 活動量法

×6 年度折舊費用 ＝ ($315,000 – $15,000) ÷ (7,200/30,000) ＝ $72,000

折舊費用	72,000	
累計折舊		72,000

(3) 年數合計法

可折舊金額 ＝ $315,000 – $15,000 ＝ $300,000

年數合計為 1 ＋ 2 ＋ 3 ＋ 4 ＋ 5 ＝ 15 (年)

第 1 年度折舊費用：$300,000 × 5/15 ＝ $100,000

第 2 年度折舊費用：$300,000 × 4/15 ＝ $80,000

×6 年度折舊費用 ＝ $100,000 × 6/12 ＋ $80,000 × 6/12 ＝ $90,000

折舊費用	90,000	
累計折舊		90,000

(4) 倍數餘額遞減法

折舊率：1/5 × 2 ＝ 40%

第 1 年度折舊費用：$315,000 × 40% ＝ $126,000
　　　　帳面金額：$315,000 – $126,000 ＝ $189,000

第 2 年度折舊費用：$189,000 × 40% ＝ $75,600
　　　　帳面金額：$315,000 – $126,000 – $75,600 ＝ $113,400

×6 年度折舊費用 ＝ ($126,000 × 6/12) ＋ ($75,600 × 6/12) ＝ $100,800

折舊費用	100,800	
累計折舊		100,800

5.

折舊費用	4,500	
累計折舊—機器		4,500

$26,000 – $6,000 ＝ $20,000; ($20,000 – $2,000) ÷ 4 ＝ $4,500

6. 至 ×8 年初已提列之累計折舊：$300,000 ÷ 15 × 7 ＝ $140,000

重大檢修後設備帳面金額：$300,000 – $140,000 ＋ $40,000 ＝ $200,000

×8 年提列之折舊費用：$200,000 ÷ 12 ＝ $16,667

	折舊費用	16,667	
	累計折舊—設備		16,667

7. (1) 處分設備損失　　　　　　　　12,500
　　　累計折舊—設備　　　　　　　37,500
　　　　設備　　　　　　　　　　　　　　　　50,000

　(2) 現金　　　　　　　　　　　　　 8,000
　　　處分設備損失　　　　　　　　 4,500
　　　累計折舊—設備　　　　　　　37,500
　　　　設備　　　　　　　　　　　　　　　　50,000

　(3) 現金　　　　　　　　　　　　　15,000
　　　累計折舊—設備　　　　　　　37,500
　　　　設備　　　　　　　　　　　　　　　　50,000
　　　　處分設備利得　　　　　　　　　　　 2,500

8. 每噸折耗費用：$15,000,000 ÷ 20,000,000 = $0.75
　 第一年折耗費用：$0.75 × 800,000 = $600,000

9. $7,422,800 + $737,500 + $44,600 + $266,200 × $P_{3,10\%}$ = $8,404,900

應用問題

1.

項　目	土　地	建築物	土地改良物
購買土地成本	$563,000		
仲介佣金	42,000	$ 28,000	
停車場成本			$120,000
土地挖掘成本		52,000	
員工休憩涼亭成本			36,000
建築物設計費		80,000	
契稅、代書、過戶費用（土地）	32,000		
拆除舊屋工程款	25,000		
舊屋工程殘料售得款項	(8,000)		
建築物專案借款利息（資本化）		74,000	
前地主積欠之稅款	55,000		
建築物成本		1,200,000	
×5 年稅款	32,000	68,000	
（地價稅 32%，房屋稅 68%）			
	$741,000	$1,502,000	$156,000

(1) 土地成本：$741,000

(2) 建築物成本：$1,502,000

(3) 土地改良物成本：$156,000

2.

| 機器 | 32,400 | |
| 　　現金 | | 32,400 |

$32,000 + $150 + $80 + $70 + $100 = $32,400

| 折舊費用 | 5,480 | |
| 　　累計折舊—機器 | | 5,480 |

($32,400 − $5,000) ÷ 5 = 5,480

3. (1)

2/1	土地	60,000,000	
	現金		60,000,000
4/1	折舊費用	50,000	
	累計折舊—設備		50,000

$2,000,000 ÷ 10 × 3/12 = $50,000

	現金	1,000,000	
	處分設備損失	150,000	
	累計折舊—設備	850,000	
	設備		2,000,000

($2,000,000 × 4/10) + $50,000 = $850,000
$2,000,000 − $850,000 = $1,150,000
$1,150,000 − $1,000,000 = $150,000

7/1	土地改良物	1,500,000	
	現金		1,500,000
9/1	設備	3,000,000	
	現金		3,000,000
12/31	折舊費用	70,000	
	累計折舊—設備		70,000

$700,000 ÷ 10 = $70,000

| | 累計折舊—設備 | 700,000 | |
| | 　　設備 | | 700,000 |

(2) 土地改良物之折舊費用 = $1,500,000 ÷ 10 × 6/12 = $75,000
建築物之折舊費用 = $30,000,000 ÷ 30 = $1,000,000
×5 年度新增處理設備之折舊費用 = $3,000,000 ÷ 10 × 4/12 = $100,000
以前年度所購置設備之折舊費用 = ($36,000,000 − $2,000,000 − $700,000) ÷ 10
　　　　　　　　　　　　　　　 = $3,330,000

折舊費用	75,000	
累計折舊—土地改良物		75,000
折舊費用	1,000,000	
累計折舊—建築物		1,000,000
折舊費用	3,430,000	
累計折舊—設備		3,430,000

(3)

旗津海鮮餐飲集團
資產負債表（部分）
×5 年 12 月 31 日

不動產、廠房及設備：		
土地		$110,000,000
建築物	$30,000,000	
減：累計折舊	(13,000,000)	17,000,000
設備	36,300,000	
減：累計折舊	(7,000,000)	29,300,000
土地改良物	1,500,000	
減：累計折舊	(75,000)	1,425,000
		$157,725,000

土地成本 $50,000,000 + $60,000,000 = $110,000,000
建築物之累計折舊 $12,000,000 + $1,000,000 = $13,000,000
設備成本 $36,000,000 − $2,000,000 + $3,000,000 − $700,000 = $36,300,000
設備之累計折舊 $5,000,000 + ($50,000 − $850,000) + $100,000 + ($70,000 −
　　　　　　　　 $700,000) + $3,330,000 = $7,000,000

4. (1) 耐用年限及殘值均屬估計變動，故不需更正以前年度所作之分錄。

(2) 第 5 年初帳面金額：$1,000,000 – ($1,000,000 ÷ 10 × 4) = $600,000

第 5 年折舊費用：($600,000 – $5,000) × $\dfrac{4}{10}$ = $238,000

折舊費用	238,000	
累計折舊—光線復原機		238,000

(3) 截至第 5 年年底之累計折舊為：($1,000,000 ÷ 10 × 4) + $238,000 = $638,000

光線復原機	$1,000,000	
減：累計折舊	(638,000)	$362,000

5. (1) ×2 年底帳面金額 = $7,500,000 – [($7,500,000 ÷ 5) × 2] = $4,500,000

減損損失 = $4,500,000 – $4,050,000 = $450,000

×2/12/31

減損損失	450,000	
累計減損—設備		450,000

(2) ×3 年折舊費用 = $4,050,000 ÷ 3 = $1,350,000

×3/12/31

折舊費用	1,350,000	
累計折舊—設備		1,350,000

(3) ×3 年底之帳面金額：

$4,050,000 – $1,350,000 = $2,700,000

又設備在未發生任何減損情況下，×3 年 12 月 31 日之帳面金額為：

$7,500,000 × 2/5 = $3,000,000，

故可承認之減損迴轉利益僅能至 $3,000,000，而非 $3,250,000，所以減損損失之迴轉為 $3,000,000 – $2,700,000 = $300,000

×3/12/31

累計減損—設備	300,000	
減損迴轉利益		300,000

會計達人

1. (1) 由倍數餘額遞減法可判斷原始成本

    在此方法下，第 1 年之折舊費用為原始成本（不考慮殘值）乘以 40%（直線法下之 2 倍），所以原始成本 × 40% = $40,000

    原始成本 = $40,000 ÷ 0.4 = $100,000

   (2) 估計殘值 = 原始成本 – 全部累計折舊

    $\qquad\qquad$ = $100,000 – $90,000

    $\qquad\qquad$ = $10,000

   (3) 第 2 年底之帳面金額如下：

    直線法 = $100,000 – ($18,000 + $18,000) = $64,000
    年數合計法 = $100,000 – ($30,000 + $24,000) = $46,000
    倍數餘額遞減法 = $100,000 – ($40,000 + $24,000) = $36,000

    所以直線法下為最高。

   (4) 若欲帳面上處分的利益最高，則處分時該資產之帳面金額應為最低，換言之，前四年之累計折舊應為最高者。

    直線法下之累計折舊 = $18,000 × 4 = $72,000
    年數合計法下之累計折舊 = $30,000 + $24,000 + $18,000 + $12,000 = $84,000
    倍數餘額遞減法下之累計折舊 = $40,000 + $24,000 + $14,400 + $8,640
    $\qquad\qquad\qquad\qquad\qquad\qquad$ = $87,040

    所以倍數餘額遞減法下，公司報導的淨利會最高。（另一方面，如果本題亦同時考慮折舊費用對淨利的影響，亦可看出到第 4 年度的折舊費用在倍數餘額遞減法下也是最低的。）

   (5) 截至第 5 年底可提列之累計折舊為 $100,000 – $5,000 = $95,000
    由於第 1~4 年已提列 $40,000 + $24,000 + $14,400 + $8,640 = $87,040
    故第 5 年應提列之折舊為 $95,000 – $87,040 = $7,960

2. 令 C = 成本，S = 殘值

    若採年數合計法，則年數合計應為 1 + 2 + 3 + 4 + 5 + 6 = 21
    若採倍數餘額遞減法，則折舊率應為 1/6 × 2 = 1/3

C × 1/3 = $300,000，C = $900,000

(C – S) × 6/21 = $240,000，($900,000 – S) × 6/21 = $240,000，S = $60,000

(1) ×3 年度折舊費用 = ($900,000 – $60,000) ÷ 6 = $140,000

(2) ×3 年度機器帳面金額 = $900,000 – ($140,000 × 2) = $620,000

(3) 若採年數合計法提列折舊，則×3 年度提列之折舊費用
 = ($900,000 – $60,000) × 5/21 = $200,000

3. (1) ×5 年、×6 年之折舊費用 = ($170,000 – $20,000) / 5 = $30,000
×6 年底運輸設備之帳面金額 = $170,000 – $30,000 × 2 = $110,000
×7 年、×8 年、×9 年之折舊費用 = ($110,000 – $20,000) / (10 – 2) = $11,250
×9 年底運輸設備之帳面金額 = $110,000 – ($11,250 × 3) = $76,250
×10 年〜×14 年之折舊費用 = ($76,250 – 0) / 5 = $15,250

年度	折舊金額	累計折舊	年度	折舊金額	累計折舊
×5	30,000	30,000	×10	15,250	109,000
×6	30,000	60,000	×11	15,250	124,250
×7	11,250	71,250	×12	15,250	139,500
×8	11,250	82,500	×13	15,250	154,750
×9	11,250	93,750	×14	15,250	170,000

(2) 運輸設備之成本，按有系統之方法，分攤於各受益期間，此題採直線法方式提列折舊，設備之耐用年限間內，折舊之計算可能因殘值或耐用年限之估計變動而使得各期折舊費用不同。

4.
　×5/1/1
　　不動產、廠房及設備—機器設備　　　　1,200,000
　　　現金　　　　　　　　　　　　　　　　　　　　1,200,000
　×5/12/31
　　折舊費用　　　　　　　　　　　　　　　150,000
　　　累計折舊—機器設備　　　　　　　　　　　　　150,000
　　$1,000,000 ÷ 10 + $200,000 ÷ 4 = $150,000

×6/12/31

折舊費用	150,000	
累計折舊—機器設備		150,000
處分不動產、廠房及設備損失	100,000	
累計折舊—機器設備	100,000	
不動產、廠房及設備—機器設備		200,000
不動產、廠房及設備—機器設備	180,000	
現金		180,000

×7/12/31

折舊費用	160,000	
累計折舊—機器設備		160,000

$1,000,000 ÷ 10 + $180,000 ÷ 3 = $160,000

5. (1) 建築物 = $14,145,472 − $758,603 = $13,386,869（千元）

　　機器設備 = $60,172,427 − $17,834,401 = $42,338,026（千元）

　　運輸設備 = $40,349 − $10,101 = $30,248（千元）

(2) 758,603 − $385,564 = $373,039（千元）

(3) 直線法：

　　($150 − $10) ÷ 5 × 9/12 = $21（億元）

　　倍數餘額遞減法：

　　$150 × 40% × 9/12 = $45（億元）

(4) ×2/9/30

折舊費用	375,000	
累計折舊—運輸設備		375,000

×2年9月30日應有之累計折舊：$2,500,000 ÷ 5 × 9/12 = $375,000

×2/9/30

運輸設備處分損失	125,000	
累計折舊—運輸設備	2,375,000	
運輸設備		2,500,000

認列提前報廢損失：$2,500,000 ÷ 5 × 3/12 = $125,000

2. 生物資產　係指具生命之動物或植物。例如：畜牧業所飼養的乳牛、綿羊、雞、豬等，人造森林裡的林木皆屬生物資產。

   農產品　係指企業生物資產之收成品。所以畜牧業所飼養乳牛、綿羊、雞等之農產品分別為：牛奶、羊毛、雞蛋，人造森林裡林木的農產品則為砍伐下來的林木。

3. 應適用 IAS 40。

   由於房地產通公司並不參與飯店的經營管理，且所提供的維修服務相較於飯店經營的整體顯不重大。僅收取飯店當月的營業收入的 15% 作為租金收入，故房地產通公司應將所持有之不動產視為投資性不動產。

4. 由於不能認列內部自行產生的商譽，故與此相關者皆作為當期費用。
   向外購併其他企業產生的商譽則會認列於資產負債表上。

5. 「投資性不動產」與「不動產、廠房及設備」之會計處理比較

會計處理模式	投資性不動產	不動產、廠房及設備
成本模式	可選用 提列折舊與減損損失	可選用 提列折舊與減損損失
公允價值模式	可選用 公允價值之變動，不論高於或低於帳面金額，均認列為當期損益	無此選擇 因與重估價模式類似
重估價模式	無此選擇 因與公允價值模式類似	可選用 若重估價後金額高於帳面金額，認列為其他綜合損益（屬權益性質）；若低於帳面金額，則認列為當期損益

選擇題

1. (B)　　　　　　2. (D)　　　　　　3. (D)
4. (B)　　　　　　5. (D)　　　　　　6. (A)
7. (C)　　　　　　8. (D) ($27 – $1 – $2) × 20,000 = $480,000
9. (C) $20,000 + ($70,000 × 3) – $2,000 = $228,000　　10. (C)
11. (C)　　　　　　12. (A)

13. (B) 直線法、年數合計法、生產數量法及倍數餘額遞減法下，①②③是可能之折舊

14. (C)   15. (D) 屬投資性不動產之範圍

16. (C) 自用不動產屬適用 IAS 16 之範圍

17. (B) $800,000 + $3,000+ $8,000   18. (B)

練習題

1.

2月16日	研究發展費用	100,000	
	現金		100,000
4月1日	專門技術	300,000	
	現金		300,000
10月1日	專利權	60,000	
	現金		60,000
12月31日	攤銷費用—專門技術	75,000	
	專門技術		75,000
	$300,000 / 3 × 9/12 = $75,000		
	攤銷費用—專利權	12,000	
	專利權		12,000
	$60,000 / 15 × 3 = $12,000		

2.

1月1日	特許權	33,000,000	
	現金		33,000,000
12月31日	攤銷費用—特許權	3,300,000	
	特許權		3,300,000
	30,000,000 + 3,00,000 = 33,000,000		
	33,000,000 / 10 年 = 3,300,000		

3.

每年攤銷金額 500,000 / 8 年 = 62,500

×6 年底進行攤銷之分錄

12 月 31 日　　攤銷費用—專利權　　　62,500
　　　　　　　　　專利權　　　　　　　　　　　62,500

此時帳面金額為 500,000 – (62,500 × 5 年) = 187,500

12 月 31 日　　減損損失　　　　　　187,500
　　　　　　　　　累計減損—專利權　　　　　187,500

4.

×8/7/1~×8/10/31　研究發展費用　　700,000
　　　　　　　　　　現金　　　　　　　　　　　700,000

說明：×8 年 11 月 1 日前所發生之支出 $700,000，因不符合 IAS 38 資本化條件，故認列為費用。

×8/11/1~×8/12/31　發展中之無形資產　200,000
　　　　　　　　　　現金　　　　　　　　　　　200,000

說明：因符合 IAS 38 資本化條件，故認列該資產為無形資產。

×8/12/31　　減損損失　　　　　　100,000
　　　　　　　累計減損—發展中之無形資產　　100,000

說明：當期認列尚未使用之無形資產，應於會計年度結束前作減損測試。所以，×8 年底信義公司應認列 $100,000 減損損失，將認列減損損失前之生產技術帳面價值 $200,000 調整至可回收金額 $100,000。

5.

×2 年 1 月 1 日　購入專利權
　　專利權　　　　　　　　　88,000
　　　　現金　　　　　　　　　　　88,000

×2 年 12 月 31 日攤銷
　　攤銷費用—專利權　　　　17,600
　　　　專利權　　　　　　　　　　17,600
　　$88,000 ÷ 5 = $17,600

6.

×4 年 1 月

| 訴訟費用 | 19,200 | |
| 　　現金 | | 19,200 |

×4 年 12 月 31 日

| 攤銷費用—專利權 | 8,800 | |
| 　　專利權 | | 8,800 |

×4 年初專利權之帳面金額為 $88,000 − ($88,000 ÷ 5 × 2) = $52,800

$52,800 ÷ 6 年 (自×4 年至×9 年) = $8,800

7. 可回收金額係取淨公允價值與使用價值，二者之較高者，故為 $7,500,000

減損金額 ＝ 帳面金額 − 可回收金額 ＝ $8,000,000 − $7,500,000 = $500,000

8.

×2 年 9 月記錄購買投資性不動產

| 投資性不動產 | 500,200,000 | |
| 　　現金 | | 500,200,000 |

$500,000,000 + $200,000 = $500,200,000

×2 年 12 月底以公允價值法記錄不動產上漲之利益

| 投資性不動產 | 300,000 | |
| 　　公允價值調整利益—投資性不動產 | | 300,000 |

$500,500,000 − $500,200,000 = $300,000

應用問題

1. 每年攤銷金額 7,500,000/10 = 750,000

×2 年底專利權帳面金額為 7,500,000 − 750,000 × 2 = 6,000,000

×2 年底減損損失為 6,000,000 − 5,000,000 = 1,000,000

| 減損損失 | 1,000,000 | |
| 　　專利權 | | 1,000,000 |

×3年攤銷金額 (6,000,000 – 1,000,000)/8 = 625,000

　　　攤銷費用—專利權　　　625,000
　　　　　專利權　　　　　　　　　　625,000

2. (1) ×6年初之必要分錄

　　　專利權　　　　　　　　600,000
　　　　　現金　　　　　　　　　　　600,000

(2) 專利權攤銷應選擇法定年限及估計經濟效益年限二者較短者，作為攤銷期間。本例中法定年限尚有14年 (15 – 1)，而經濟效益年限尚有12年，故取12年作為攤銷年限。

每年攤銷費用 = $600,000 ÷ 12 = $50,000，

因此×6年及×7年之攤銷費用分錄為

　　　攤銷費用—專利權　　　50,000
　　　　　專利權　　　　　　　　　　50,000

(3) ×7年底專利權之帳面金額為 $500,000，而其可回收金額為 $120,092，故需承認 $379,908 之減損損失。

　　　減損損失　　　　　　　379,908
　　　　　累計減損—專利權　　　　　379,908

3. 小雞的購買成本：$70 × 200 = $14,000

小雞於2月底時的淨公允價值：($90 × 200) – $1,000 = $17,000

$17,000 – $14,000 = $3,000

認列生物資產公允價值調整利益 $3,000

4.

×1年初

　　　生產性植物—雪梨樹　　　300,000
　　　　　現金(樹苗)　　　　　　　　　300,000
　　　生產性植物—雪梨樹　　　150,000
　　　　　現金(薪資費用、肥料、租金等)　　150,000

Chapter 11 無形資產、投資性不動產、生物資產與農產品

×2~×4 每年

生產性植物—雪梨樹	10,000	
現金 (薪資費用、肥料、租金等)		10,000

×4 年

現金 (未達成熟前銷售收入為成本減項)	10,000	
生產性植物—雪梨樹		10,000

×5 年

薪資費用、肥料、租金等費用	110,000	
現金		110,000
存貨—農產品	600,000 (= 淨公允價值 = 報價 – 運費)	
當期原始認列農產品之利益		600,000
折舊費用—生產性植物—雪梨樹	15,000 (=(470,000 – 20,000)/30)	
累計折舊—生產性植物—雪梨樹		15,000
現金	300,000	
銷貨收入		300,000
銷貨成本	300,000	
存貨—農產品		300,000

會計達人

1.

公允價值模式	成本模式
×2 年 8 月記錄購買投資性不動產	

投資性不動產 800,500,000
  現金   800,500,000
$800,000,000+$500,000=$800,500,000
	投資性不動產 800,500,000
	  現金 800,500,000

×2 年 10 月記錄支付仲介費用予仁愛房屋	

佣金費用 600,000
  現金   600,000
	佣金費用 600,000
	  現金 600,000

×2 年 10 月~12 月記錄收取點點公司之租金	
現金　　　　　　600,000	現金　　　　　　600,000
租金收入　　　　　　　600,000	租金收入　　　　　　　600,000
×2 年 12 月 31 日記錄投資性不動產期末之增值利益	×2 年 12 底對商辦大樓提列折舊
投資性不動產　　200,000	折舊費用　　12,507,813
公允價值調整利益—投資性不動產　200,000	累計折舊　　　　　　　12,507,813
$800,700,000 - $800,500,000 = $200,000	$800,500,000 \times 0.75 / 20$ 年 $\times 5/12$ $= 12,507,813$

2.

(1) 研究發展費用　　　　　　　　　　600,000
　　　專利權　　　　　　　　　　　　　　　546,000
　　　攤銷費用　　　　　　　　　　　　　　 54,000

應有之正確金額：

×0 年度研究發展費用 = $600,000

×0 年度專利權攤銷費用 = $60,000 ÷ 5 = $12,000

×0 年 12 月 31 日專利權之餘額 = $60,000 – $12,000 = $48,000

帳列數：

×0 年度專利權攤銷費用 = $66,000

×0 年 12 月 31 日專利權之餘額 = $660,000 – $66,000 = $594,000

調整數：

借記：研究發展費用 $600,000

貸記：攤銷費用為 $66,000 – $12,000 = $54,000

貸記：專利權為 $594,000 – $48,000 = $546,000

(2) $60,000 – ($60,000 ÷ 5 × 3) = $24,000

(3) $80,000 之訴訟支出應作為費用。專利權在×3 年底之帳面金額為 $60,000 – ($60,000 ÷ 5 × 4) = $12,000。

3.

(1) 權利金之累計攤銷金額為 $2,840,000 - $1,953,000 = $887,000

(2) 應提列之攤銷費用為 $90,000 ÷ 3 = $30,000

會計分錄為

12/31	攤銷費用—專門技術	30,000	
	專門技術（或累計攤銷—專門技術）		30,000

該專門技術在 ×1 年底之帳面金額為 $90,000 - $30,000 = $60,000

(3) ×2 年 7 月 1 日成功防止專利權被其他公司侵害之法律費用

7/1	訴訟費用	50,000	
	現金		50,000

×2 年度專利權之攤銷費用應為 $120,000 ÷ 5 = $24,000

12/31	攤銷費用—專利權	24,000	
	專利權		24,000

(4) 1 月～9 月的研發支出：

	研究發展費用	800,000	
	現金		800,000
10/1	專利權	3,000	
	現金		3,000

年底時，專利權之攤銷費用為：$3,000 \times \dfrac{1}{5} \times \dfrac{3}{12} = \$150$

12/31	攤銷費用—專利權	150	
	專利權		150

4.

×3 年 10 月 1 日買入生物資產

10/1	生物資產—按公允價值	60,000	
	當期原始認列生物資產之損失	1,000	
	現金		61,000

10 月至年底間

| 10/1 | 飼養費用 | 30,000 | |
| | 　　現金 | | 30,000 |

×3 年 12 月 31 日評價 $4,500 × (30 – 6) = $108,000
　　　　　　　　　　$108,000 × 60,000 = $48,000

| 12/31 | 生物資產—按公允價值 | 48,000 | |
| | 　　公允價值調整利益—生物資產 | | 48,000 |

5. 20×6 年度

| 各項費用 (薪資、飼料、租金及其他費用等) | 200,000 | |
| 　　現金 | | 200,000 |

20×6/12/31

| 生產性生物資產—按淨公允價值 | 500,000 | |
| 　　公允價值調整利益—生產性生物資產 | | 500,000 |

($6,000,000 – $5,500,000 = $500,000)

| 農產品 (存貨)—按淨公允價值 | 600,000 | |
| 　　當期原始認列農業產品之利益 | | 600,000 |

| 原料 (存貨) | 612,000 | |
| 　　現金 | | 612,000 |

($606,000 + $6,000 – $0 = $612,000)

20×7 年 1 月份

| 在製品 (存貨) | 300,000 | |
| 　　現金 | | 300,000 |

在製品 (存貨)	1,212,000	
農產品 (存貨)—按淨公允價值		600,000
原料		612,000

| 製成品 (存貨) | 1,512,000 | |
| 　　在製品 (存貨) | | 1,512,000 |

20×7/1/31

現金	2,000,000	
銷貨收入		2,000,000
銷貨成本	1,209,600	
製成品		1,209,600

($1,512,000 × 80% = $1,209,600)

Chapter 12
流動負債與負債準備

問答題

1. 企業預期於其正常營業週期中清償該負債、企業主要為交易目的而持有該負債、企業預期於報導期間後十二個月內到期清償該負債等三種情況都屬於流動負債。

2. 確定負債是指負債的金額和到期日,均已能合理確定的負債。
   確定負債所產生的流動負債主要有兩個來源:(1) 於正常營業活動所產生的流動負債,包括應付帳款、應付票據、應付費用,以及預收款項;(2) 提供企業短期資金的金融負債,包括短期借款、應付短期票券,以及一年內到期之長期負債。

3. 當票據不附息,或是票面利率與市場利率不同時,此時票據現值與票據面額之差額以應付票據折價入帳,作為應付票據的減項科目。

4. 負債準備為不確定時點或金額之負債,當同時符合下列條件時,企業應於財務報表認列負債準備:
   (1) 因過去事件所產生之現存義務。現存義務是否存在,取決於經濟效益之移轉是否屬「很有可能」,所謂「很有可能」是指發生之可能性大於不發生之可能性,亦即「很有可能」是指發生經濟效益移轉的機率大於 50%。
   (2) 於清償義務時,很有可能造成企業具經濟效益資源的流出。
   (3) 該義務金額能可靠估計。

選擇題

1. (D) 2. (C) 3. (C)
4. (A) 5. (C) [$500,000 + ($500,000 × 4% × 6/12)]

Chapter 12 流動負債與負債準備

6. (C)   **7.** (B)   **8.** (D)
9. (C)   **10.** (B)

練習題

1.
應付票據	$100,000
應付片商帳款	400,000
預收租金	60,000
預售電影套票	17,000
負債總額	$577,000

2.
應付商業本票	$ 25,000
應付帳款	15,000
客戶預付款項	30,000
銀行透支	20,000
應收帳款（貸餘）	20,000
估計應付所得稅	15,000
流動負債總額	$125,000

3. 進貨時

進貨	100,000	
應付帳款		100,000

折扣期限內付款

應付帳款	50,000	
現金		48,500
進貨折扣		1,500

到期時付款

應付帳款	50,000	
現金		50,000

4. (1)
保險費用	1,000	
預付保險費		1,000

(2) 折舊費用	5,000	
累計折舊		5,000
(3) 應收帳款	10,000	
服務收入		10,000
(4) 利息費用	25,000	
應付利息		25,000
(5) 薪資費用	30,000	
應付薪資		30,000

故與應付費用有關的項目是 (4) 與 (5)。

5. (1)

現金	6,300,000	
預收訂閱收入		6,300,000

($1,980 × 1,000) + ($3,600 × 1,200)
= $1,980,000 + $4,320,000
= $6,300,000

(2) 11 月之調整分錄

預收訂閱收入	345,000	
訂閱收入		345,000

($1,980,000 ÷ 12) + ($4,320,000 ÷ 24)
　= $165,000 + $180,000 = $345,000

6. (1) 發行該商業本票所得資金為 $9,000,000 ÷ (1 + 3% × 9/12) = $8,801,956

(2)

現金	8,801,956	
應付短期票券折價	198,044	
應付商業本票		9,000,000

(3)

利息費用	132,029	
應付短期票券折價		132,029

$8,801,956 × 3% × 6/12 × = $132,029

(4)

	吉德羅公司 資產負債表 (部分) ×3 年 12 月 31 日	
流動負債		
應付商業本票	$9,000,000	
減：應付短期票券折價	(66,015)	$8,933,985

7. ×0 年 1 月發行的第一次無擔保公司債 30 億元於 ×3 年 1 月到期，故在 ×2 年 12 月 31 日之資產負債表應列為流動負債。

 ×0 年 7 月發行的第二次無擔保公司債，有 30 億元 × 30% = 9 億元於 ×3 年 7 月到期，故應列為流動負債。剩餘的部分分別有 9 億元在 ×4 年 7 月及 12 億元 ×5 年 7 月到期，應列為長期負債。

 故 ×2 年 12 月 31 日所應列示一年內到期之公司債金額為 39 億元。

8. 本題屬「單一義務「」而非「大量母體」，故不能採用期望值估計，應以最有可能結果估計負債準備。雖然一個零件故障機率相較發生 2 個或 3 個之零件故障機率為高，但 2 個或 3 個零件故障機率之更換成本均比 1 個零件故障之更換成本高，所以本題應以 2 個零件故障，即 $200,000 × 2 = $400,000 作為估計服務保證負債之最佳估計。

9. 車禍於×7 年發生，且必須支付賠償，故×7 年必須認列應付賠償準備 $160,000
 分錄如下：

 ×7/11/25　　賠償損失　　　　　　　　1,600,000
 　　　　　　　　應付賠償準備　　　　　　　　　1,600,000

 所以×7 年底應認列之負債金額即為 $1,600,000。

應用問題

1. (1) 支付 $58,800 所沖銷的應付帳款：$58,800 ÷ 98% = $60,000

　　取得折扣 $60,000 – $58,800 = $1,200

(2) 剩餘應付帳款於期滿時支付：$80,000 – $60,000 = $20,000

2. (1) 1.、2.、3.（未來一年內到期之借款 $2,000,000）、4.、5.、6.、7.、8.。

(2)

向邦公司
資產負債表(部分)
×3 年 12 月 31 日

流動負債	
應付票據	$ 700,000
應付帳款	750,000
應付抵押借款——一年內到期	2,000,000
應付利息	1,115,000
應付年終獎金及薪資	850,000
應付保證負債	235,000
流動負債合計	$5,650,000

3.

	1/5	存貨	200,000	
		應付帳款		200,000
	2/5	應付帳款	200,000	
		應付票據		200,000
	4/5	應付票據	200,000	
		利息費用	3,000	
		現金		203,000

$200,000 × 9% × 2/12 = $3,000

4/10	機器設備		800,000	
	應付票據折價		28,000	
	現金			100,000
	應付票據			728,000

$728,000 ÷ (1 + 8\% × 6/12) = \$700,000$
$\$728,000 - \$700,000 = \$28,000$

10/10	利息費用		28,000	
	應付票據折價			28,000
	應付票據		728,000	
	現金			728,000
12/1	現金		5,000,000	
	應付票據折價		450,000	
	應付票據			5,450,000

$\$5,450,000 ÷ (1 + 9\%) = \$5,000,000$
$\$5,450,000 - \$5,000,000 = \$450,000$

12/31	利息費用		37,500	
	應付票據折價			37,500

$\$5,000,000 × 9\% × 1/12 = \$37,500$

4. (1)
2/1	進貨		196,000	
	應付帳款			196,000

進貨：$\$200,000 × 98\% = \$196,000$

2/11	應付帳款		196,000	
	現金			196,000

(2)
4/1	設備		2,500,000	
	應付票據			1,500,000
	現金			1,000,000
12/31	利息費用		67,500	
	應付利息			67,500

利息費用：$1,500,000 × 6% × 9/12 = $67,500

   折舊費用   468,750
    累計折舊－設備   468,750

折舊費用：($2,500,000 ÷ 8 × 2) × 9/12 = $468,750

(3) 7/1 現金   12,000,000
   應付票據折價   600,000
    應付票據   12,600,000

12/31 利息費用   300,000
    應付票據折價   300,000

$12,600,000 ÷ $12,000,000 = 1.05 故利率為 5%

利息費用 = $12,000,000 × 5% × 6/12 = $300,000

(4) 銷貨時
  應收帳款   600,000
   銷貨收入   600,000

銷貨收入：$1,200 × 500 = $600,000

年底時
  產品服務保證費用 36,000
   估計服務保證負債   36,000

估計費用：$600,000 × 6% = $36,000

5. 估計一套機器更換零件數量屬單一義務之估計，應以個別之最可能結果(超過 60% 機率)作為估計值。

 負債準備 = $25,000 × 2 = $50,000

會計達人

1. 11/5 存貨   116,400
     應付帳款   116,400

    $120,000 × 97% = $116,400

日期	借方	金額	貸方	金額
11/11	預收貨款	70,000		
			銷貨收入	70,000
11/15	現金	5,962,733		
	應付短期票券折價	37,267		
			應付商業本票	6,000,000

$6,000,000 ÷ (1 + 2.5\% × 3/12) = \$5,962,733$

日期	借方	金額	貸方	金額
11/18	應付帳款	116,400		
	折扣損失	3,600		
			現金	120,000
11/20	現金	8,000,000		
			短期借款	8,000,000
11/25	存貨	800,000		
			應付票據	800,000
11/28	現金	100,000		
			預收貨款	100,000
11/30	薪資費用	1,000,000		
			應付薪資	1,000,000

調整分錄：

日期	借方	金額	貸方	金額
11/30	利息費用	6,211		
			應付短期票券折價	6,211

$\$5,962,733 × 2.5\% × 1/12 × 15/30 = \$6,211$

日期	借方	金額	貸方	金額
11/30	利息費用	6,667		
			現金	6,667

$\$8,000,000 × 3\% ÷ 12 × 10/30 = \$6,667$

日期	借方	金額	貸方	金額
11/30	利息費用	778		
			應付利息	778

$\$800,000 × 7\% ÷ 12 × 5/30 = \$778$

2. (1) ×3/1/1　　　設備　　　　　　　　1,800,000
　　　　　　　　　 應付票據折價　　　　　108,000
　　　　　　　　　　　應付票據　　　　　　　　　　1,908,000
　　　　　　$1,908,000 ÷ (1+ 6%) = $1,800,000

　　(2) ×3/12/31　 利息費用　　　　　　 108,000
　　　　　　　　　　　應付票據折價　　　　　　　　108,000
　　　　　　　　　 折舊費用　　　　　　 600,000
　　　　　　　　　　　累計折舊—烤箱設備　　　　 600,000
　　　　　　折舊費用：$1,800,000 × 5/15 = $600,000

　　(3) ×4/1/1　　　應付票據　　　　　 1,908,000
　　　　　　　　　　　現金　　　　　　　　　　　 1,908,000

　　(4) ×4/12/31　 折舊費用　　　　　　 480,000
　　　　　　　　　　　累計折舊—烤箱設備　　　　 480,000
　　　　　　折舊費用：$1,800,000 × 4/15 = $480,000

3. (1) 10月　　　　 服務保證費用　　　　 9,450
　　　　　　　　　　　估計服務保證負債　　　　　 9,450
　　　　　　$30 × 21,000 × 1.5% = $9,450

　　　　11月　　　　服務保證費用　　　　 9,000
　　　　　　　　　　　估計服務保證負債　　　　　 9,000
　　　　　　$30 × 20,000 × 1.5% = $9,000

　　　　12月　　　　服務保證費用　　　　 9,360
　　　　　　　　　　　估計服務保證負債　　　　　 9,360
　　　　　　$30 × 20,800 × 1.5% = $9,360

　　(2) 10月　　　　估計服務保證負債　　 7,500
　　　　　　　　　　　現金及零件存貨等　　　　　 7,500
　　　　　　$30 × 250 = $7,500

　　　　11月　　　　估計服務保證負債　　 7,650
　　　　　　　　　　　現金及零件存貨等　　　　　 7,650
　　　　　　$30 × 255 = $7,650

12 月	估計服務保證負債	7,800	
	現金及零件存貨等		7,800

$$\$30 \times 260 = \$7,800$$

4.

(情況 1)：屬大量母體，應用期望值估計負債準備：

$$200 \times 80\% \times \$50,000 = \$8,000,000$$

(情況 2)：屬單一事件，應以發生機率大於 50%(本例中為 60%) 之情況認列負債準備，亦即 $1,000,000

(情況 3)：最有可能發生者為 2 個零件故障，機率為 50%，發生之維修成本為 $200,000；而期望值觀念下之估計值為：

$$(\$100,000 \times 30\%) + (\$200,000 \times 50\%) + (\$300,000 \times 20\%) = \$190,000$$

期望值提供了最有可能流出經濟效益之佐證，因此應依據最有可能結果認列負債準備，亦即 $200,000。

5. (1) 售後的維修服務是屬負債準備之一，其金額可根據歷年的維修經驗予以合理估計，所以公司應於銷貨年度認列此項負債準備。

估計產品服務保證負債 $1,500 × 800 × 10% = $120,000，因此調整分錄為：

服務保證費用	120,000	
估計服務保證負債		120,000

實際履行維修保證合約所發生的修理成本 $1,500 × 60 = $90,000，因此調整分錄為：

估計服務保證負債	90,000	
現金及零件存貨等		90,000

(2) 此違約訴訟因為很有可能敗訴，公司面臨單一義務之事件，結果僅有勝訴與敗訴兩種結果。期望值不適用本狀況。故負債準備之入帳分錄為：

違約賠償損失	500,000	
估計違約賠償負債		500,000

(3) 或有損失可能發生但金額無法估計時，不必入帳，但應該在財務報表附註上揭露說明其性質以及無法合理估計損失金額的事實。

6.

×3/12/15	訴訟損失	2,000,000	
	訴訟損失準備		2,000,000
×3/12/15	應收理賠款	1,800,000	
	保險理賠收入		1,800,000
×4/10/01	訴訟損失	200,000	
	訴訟損失準備		200,000
×5/06/08	訴訟損失準備	2,200,000	
	現金		2,100,000
	訴訟損失迴轉利益		100,000
×5/06/30	現金	1,800,000	
	應收理賠款		1,800,000

Chapter 13
非流動負債

問答題

1. 企業之非流動負債項目包括長期借款、應付公司債、應付退休金負債、融資租賃負債及非流動之負債準備等。

2. 內部融資係指企業藉由減少分配現金股利，將盈餘保留下來不作分配，以挹注成長所需要資金的方式；而外部融資係指企業以發行新股、發行公司債券或是向銀行借款，以挹注成長所需資金的方式。

3. 流動負債是預期於報導期間終止日後十二個月內到期須清償的負債或預期於其正常營業週期中清償該負債，所以克林特企業的償債壓力比較大。

4. 銀行長期借款是企業向銀行所作 1 年以後始需償還之借款，包括土地抵押借款、產品開發借款等；長期應付票據是企業以開立到期期間超過 1 年的長期票據，向特定對象籌措資金；長期應付款項企業未開立票據但有作還款承諾，向特定對象籌措資金。

5. 債券的面額又稱到期值，即票面所記載債券到期時，公司應清償的債務金額。

6. 貨幣有時間價值，即人們對於今日 $1 的偏好要勝於未來的 $1，因此將未來的現金流量以適當的折現利率折現後，所換算的今日價值即為現值；而未來值則是將今日現金流量以適當的利率複利計算其在未來的價值。

7. 每段相等間隔時間支付或收取相等金額，即為年金。從 1 年後開始作第一筆支付或收現，且未來各期間均付出或收取等量的金額，其各筆現金流量未來值的總和，即為年金未來值；而同理，該年金各筆現金流量現值的總和，即為年金現值。

8. 在發行公司債時，企業可以所估計市場利率作為訂定票面利率的參考，如投資人

所要求的市場利率與票面利率有差異，會造成公司債以平價、折價或溢價發行：

(1) 當公司債券票面利率等於市場利率，公司債的發行價格會等於其面額，稱為平價發行；

(2) 當公司債券票面利率低於市場利率，公司債的發行價格應會低於其面額，以補償公司債投資人少領的利息，稱為折價發行；

(3) 當公司債券票面利率高於市場利率，公司債的發行價格應會高於其面額，以補償發行債券公司超付的利息，稱為溢價發行。

9. 折價發行公司債的帳列金額 (帳面價值) 應該用「應付公司債」項目餘額減去「應付公司債折價」項目餘額後的淨額計之；溢價發行公司債的帳面金額則該用「應付公司債」項目餘額加上「應付公司債溢價」項目餘額的總和計之。

10. 當公司債發行產生折、溢價時，無論是應付公司債溢價或應付公司債折價，均應於認列利息費用時加以攤銷。如使用有效利率法攤銷折、溢價，每期債券利息費用等於期初債券之帳列金額(帳面價值)乘以有效利率。此種攤銷方式假設每期債券融資所適用有效利率相同；有別於直線法假設每期攤銷至利息費用金額相等的特性。

11. 可轉換公司債持有人有權利在特定時間內，依約定的「轉換價格」或「轉換比率」，將公司債轉換成以新股發行之普通股或換股權利證書。轉換價格是可轉換公司債要轉換成一股普通股的價格，轉換比率是一張可轉債所能獲得的股票張數。

12. 新台幣 10 萬元低於 5,000 美元。驅蛇期間只有半個月，租賃期間短於 1 年，且顯然遠低於租賃開始時租賃物剩餘經濟壽命，且福瑞企業並不想擁有那替代倉庫，這應該是屬於營業租賃。

13. 可贖回公司債的發行公司可以發行日所約定之固定價格將公司債券買回來，買回與否為發行公司的權利而非義務，所以價格低於普通公司債。

可賣回公司債投資人可以發行日所約定之固定價格將公司債券賣回給發行公司，賣回與否為投資人的權利而非義務，所以價格高於普通公司債。

14. 債權人可以使用「負債比率」與「利息保障倍數」兩項長期信用風險指標，決定是否繼續授予信用或是停止借款予該企業。

15. 負債比率=$\frac{總負債}{總資產}$,「負債比率」越高,企業還本付息壓力越大。

16. 利息保障倍數 = $\frac{稅前息前淨利}{年度利息費用}$ = $\frac{淨利 + 所得稅費用 + 利息費用}{年度利息費用}$,「利息保障倍數」也被稱為「**利息涵蓋比率**」,倍數越高表示付息能力越強。

選擇題

1. (C)
2. (D)
3. (B)
4. (C)
5. (A) 發行價$66 < $100
6. (B) 發行價$125 > $100
7. (D) ($94×24% – $100 × 20%) ÷2 ×100 = $128
8. (A)
9. (B) $2 × PVIF (10%,3%) = $1.502
10. (C) $2 × PVIFA (10%,3%) = $4.972
11. (C)
12. (A)
13. (A)
14. (D)
15. (D)
16. (A)
17. (B)
18. (B)
19. (D)
20. (A)

練習題

1. 今天的價值為 $569.42。

   現值 = $\frac{未來值}{(1+市場利率)^{年數}}$ = $\frac{\$800}{(1+12\%)^3}$ = $569.42

2. 發行日分錄:
   現金　　　　　　　1,000
   　應付公司債　　　　　　　1,000

3. ×8 年 6/8

艾德恩光學以折價發行公司債，其所出售公司債券面額共 $100，但很可能是因為債券票面利率低於發行時之市場利率，市場只願意以 $76 購買這批公司債券，所以艾德恩於公司債發行日收到現金 $76，一共有 $24 的應付公司債券折價。

4. 此公司債為溢價發行，表示其票面利率高於發行時之市場利率，溢價等於是補貼發行企業比市場多付出的債息，故年底作調整分錄攤銷「應付公司債溢價」部分的同時，應該貸記減少利息費用 $108，以反映實際之資金成本。

5. 面額 $100,000 ÷ 轉換價格 $400 = 250 股

6. (1) 「希爾一」發行價格為 $1,260、債券面額為 $1,200、債券部分的溢價為 $10，故認購權價值為：

   發行價格 $1,260 − 債券面額 $1,200 − 純債券部分溢價 $10 = $50

   發行日分錄中，認購權價值列入資本公積的一部分。

   發行日「希爾一」帳列金額 = 面額 $1,200 + 純債券部分溢價 $10 + 認股權價值 $50 = $1,260

   (2) 發行日：

   ×6/8/1

現金	1,260	
應付公司債		1,200
應付公司債溢價		10
資本公積—認股權		50

   (3) 轉換日：

   可轉換股數為：

   面額 $1,200 ÷ 轉換價格 $50 = 24 股

應用問題

1. 8 年後這 4,000 元今天的價值 = 8 年後回收 4,000 元 ÷ (1 + 折現利率 3%)^8
   = $3,158

2. (1) 發行面額 $2,000 > 發行價格 $1,800，故葛摩菈公司債應該是折價發行。

(2) 發行日市場利率應是高於票面利率 6%，葛摩菈公司債才會是折價發行。

(3) 發行日葛摩菈公司應付公司債折價是：

面額 $2,000 – 發行價格 $1,800 = $200

分錄(採「總額法」記錄方式)為：

現金	1,800	
應付公司債折價	200	
應付公司債		2,000

3. 採「淨額法」的記錄方式：

(1)
×7/4/1	現金	20,000	
	應付公司債		20,000

(2)
×7/9/30	利息費用	500	
	現金		500

(3)
×7/12/31	利息費用	250	
	應付利息		250

(4)
×8/3/31	利息費用	250	
	應付利息	250	
	現金		500

4. (1) $500,000 × 6% × 1.5/12 = $3,750；採「淨額法」的記錄方式：

×1/6/15	現金	503,750	
	應付公司債		500,000
	應付利息		3,750

(2) $500,000 × 6% × 6/12 = $15,000

×1/10/31	利息費用	11,250	
	應付利息	3,750	
	現金		15,000

(3) $500,000 × 6% × 2/12 = $5,000

×1/12/31 利息費用	5,000	
應付利息		5,000

(4) $500,000 × 6% × 4/12 = $10,000

×2/4/30　利息費用	10,000	
應付利息	5,000	
現金		15,000

5. 採「淨額法」的記錄方式：

日期	支付之現金利息	利息費用	折價攤銷	未攤銷折價	公司債帳列金額
×1/1/1				$125	$875
×1/6/30	$40	$44	$4	121	879
×1/12/31	40	44	4	117	883
×2/6/30	40	44	4	113	887

×1年1月1日公司債之發行價格：

$40 × 12.462 + $1,000 × 0.377 = $875

(1)

×1/1/1　現金	875	
應付公司債		875

(2)

×1/6/30　利息費用	44	
現金		40
應付公司債		4

(3)

×1/12/31 利息費用	44	
現金		40
應付公司債		4

(4)

×2/6/30　利息費用	44	
現金		40
應付公司債		4

6. 採「淨額法」的記錄方式：

日期	支付之現金利息	利息費用	溢價攤銷	未攤銷溢價	公司債帳面金額
×5/7/1				$35,796	435,796
×5/12/31	$12,000	$8,716	$3,284	32,512	432,512
×6/6/30	12,000	8,650	3,350	29,162	429,162
×6/12/31	12,000	8,583	3,417		

(1) 發行價格 = $12,000 × 8.983 + $400,000 × 0.820
　　　　　　 = $435,796

(2)
　×5/7/1　　現金　　　　　　　　　435,796
　　　　　　　應付公司債　　　　　　　　　　435,796

(3)
　×5/12/31　利息費用　　　　　　　8,716
　　　　　　　應付公司債　　　　　　3,284
　　　　　　　　現金　　　　　　　　　　　　12,000

(4)
　×6/6/30　利息費用　　　　　　　8,650
　　　　　　　應付公司債　　　　　　3,350
　　　　　　　　現金　　　　　　　　　　　　12,000

(5)
　×6/12/31　利息費用　　　　　　　8,583
　　　　　　　應付公司債　　　　　　3,417
　　　　　　　　現金　　　　　　　　　　　　12,000

7. 全額 $1，利率 1%，期數 12 之年金現值 = 11.2551

　　　X × 11.2551 = $600,000
　　　X = $53,309

(1) $53,309

(2)

2/28	現金	600,000	
	長期抵押借(應付)款		600,000

(3)

8/31	長期抵押借(應付)款	47,309	
	利息費用	6,000	
	現金		53,309

8. (1) 負債比率 = $\dfrac{\text{負債總額}}{\text{資產總額}}$ = $\dfrac{\$480}{\$1120}$ = 42.86%

(2) 利息保障倍數 = $\dfrac{\text{稅前息前淨利}}{\text{利息支出}}$ = $\dfrac{\$200 + \$108}{\$200}$ = 1.54 (倍)

會計達人

1. (1) 溢價發行。

(2) 應付公司債溢價：$201,600 − $200,000 = $1,600。

發行日 (採「淨額法」的記錄方式)：

×7/12/31	現金	201,600	
	應付公司債		201,600

(3) 皆是發行面額 $200,000 × 票面利率 6% = $12,000。

2. 採「淨額法」的記錄方式：

                2%   3%

日期	支付之現金利息	利息費用	折價攤銷	未攤銷折價	公司債帳列金額
×8/5/1				$59,952	$540,048
×8/10/31	$12,000	$16,201.4	$4,201.4	55,750.6	544,249.4
×8/12/31	0	5,442.4	1,442.4	54,308.2	545,691.8
×9/4/30	12,000	10,885	2,885	51,423.2	548,568.8
×9/10/31	12,000	16,457.2	4,457.2	46,966	553,034

發行價格 = $12,000 × 9.954 + $600,000 × 0.701
       = $119,448 + $420,600
       = $540,048

×8/5/1	現金	540,048	
	應付公司債		540,048

×8/10/31	利息費用	16,201.4*	
	現金		12,000
	應付公司債		4,201.4

* $540,048 × 3% = $16,201.4

×8/12/31	利息費用	5,442.4*	
	應付利息		4,000
	應付公司債		1,442.4

* $544,249.4 × 3% = $16,327.4
$16,327.4 × $\frac{2}{6}$ = $5,442.4

×9/4/30	利息費用	10,885*	
	應付利息	4,000	
	現金		12,000
	應付公司債		2,885

* $16,327.4 × $\frac{4}{6}$ = $10,885

×9/10/31	利息費用	16,457.2*	
	現金		12,000
	應付公司債		4,457.2

* $548,568.8 × 3% = $16,457.2

3. 採「淨額法」的記錄方式：

日期	支付之現金利息 (3%)	利息費用 (2%)	溢價攤銷	未攤銷溢價	公司債帳列金額
×8/5/1				63,750	663,750
×8/10/31	18,000	13,275.0	4,725	59,025	659,025
×8/12/31	0	4,393.6	1,606.4	57,418.6	657,418.6
×9/4/30	18,000	8,787	3,213	54,205.6	654,205.6
×9/10/31	18,000	13,084	4,916	49,289.6	649,289.6

公司債發行價格 　＝ $18,000 × PVIFA (12, 2%)10.575
　　　　　　　　　＋ $600,000 × PVIF (12, 2%) 0.789
　　　　　　　　＝ $190,350 + $473,400
　　　　　　　　＝ $663,750

×8/5/1	現金	663,750	
	應付公司債		663,750

×8/10/31	利息費用	13,275	
	應付公司債	4,725	
	現金		18,000

×8/12/31	利息費用	4,393.6 *	
	應付公司債	1,606.4	
	應付利息		6,000

* 659,025 × 2% = $13,180.6

$13,180.6 × $\frac{2}{6}$ = $4,393.6

×9/4/30	應付利息	6,000	
	利息費用	8,787 *	
	應付公司債	3,213	
	現金		18,000

* $13,180.6 × $\frac{4}{6}$ = $8,787

×9/10/31	利息費用	13,084*	
	應付公司債	4,916	
	現金		18,000

* 654,205.6 × 2% = $13,084

4. (1) 因發行價格 > 發行面額，故為溢價。

　(2) 溢價 = $5,840 – $5,600 = $240

　　　發行日 (以下採「淨額法」的記錄方式)：

×1/12/31	現金	5,840	
	應付公司債		5,840

　(3) 支付利息金額各年分別為 $5,600 × 6% = $336

　(4) ×2 年 $5,840 × 5% = $292

×2年	應付公司債	44	
	利息費用	292	
	現金		336

×3年 [$5,840 – ($336 – $292)] × 5% = $289.8

×3年	應付公司債	46.2	
	利息費用	289.8	
	現金		336

(5) ×2年溢價攤銷金額為 $336 – $292 = $44
　　×3年溢價攤銷金額為 $336 – $289.8 = $46.2

(6) ×2年底未攤銷溢價 = $240 – $44 = $196
　　×2年底帳列金額 = $5,600 + $196 = $5,796

5. 每半年票面利率 5%，有效利率 4%。採「淨額法」的記錄方式：

日期	支付之現金利息	利息費用	溢價攤銷	未攤銷溢價	公司債帳列金額*
×7/1/1				8,711	*248,711
×7/7/1	12,000	**9,948	***2,052	6,659	246,659
×7/12/31	–	9,866	2,134	4,525	244,525
×8/1/1	12,000	–	–	–	244,525
×8/7/1	12,000	9,781	2,219	2,306	242,306
×8/12/31	–	****9,694	2,306	0	240,000
×9/1/1	12,000	–	–	–	240,000
×9/1/1	240,000	–	–	–	–

＊不包括應付利息，＊＊$9,948=$248,711*4%，＊＊＊$12,000 – $9,948 =$2,052，＊＊＊＊尾差調整 2

公司債發行價格 = $12,000 × $3.62990 + $240,000 × $0.85480
　　　　　　　 = $43,559 + $205,152
　　　　　　　 = $248,711

×7/1/1	現金	248,711	
	應付公司債		248,711

×7/7/1	利息費用	9,948	
	應付公司債	2,052	
	現金		12,000

×7/12/31	利息費用	9,866 *	
	應付公司債	2,134	
	應付利息		12,000

* $246,659 × 4% = 9,866

×8/1/1	應付利息	12,000	
	現金		12,000

×8/7/1	利息費用	9,781	
	應付公司債	2,219	
	現金		12,000

×8/12/31	利息費用	9,694	
	應付公司債	2,306	
	應付利息		12,000

×9/1/1	應付利息	12,000	
	現金		12,000

	應付公司債	240,000	
	現金		240,000

6. 本題市場利率為 10%，每半年有效利率 5%。

　PVIFA ($n = 4$, $i = 5\%$) = 3.54595

　PVIF 　($n = 4$, $i = 5\%$) = 0.82270

公司債帳列金額 = $240,000 × 1% × 3.54595 + $240,000 × 0.82270 = $205,958

採「淨額法」的記錄方式：

日期	支付之現金利息	利息費用	折價攤銷	未攤銷折價	公司債帳列金額
×7/1/1				34,042	$205,958
×7/7/1	2,400	10,298	*7,898	26,144	213,856
×7/12/31	–	10,692.8	8,292.8	17,851.2	222,148.8
×8/1/1	2,400	–	–	–	222,148.8
×8/7/1	2,400	11,107.44	8,707.44	9,143.76	230,856.2
×8/12/31	–	11,542.81	9,142.812	0	240,000
×9/1/1	2,400	–	–	–	240,000
×9/1/1	240,000	–	–	–	–

* $10,298 – $2,400 = $7,898

票面利率 2%，每半年 1%，每半年利息 $240,000 × 1% = $2,400；

有效利率 10%，每半年有效利率 5%

發行價格 = $\frac{\$2,400}{1+5\%} + \frac{\$2,400}{(1+5\%)^2} + \frac{\$2,400}{(1+5\%)^3} + \frac{\$242,400}{(1+5\%)^4}$

　　　　 = $205,958

×7/1/1	現金	205,958	
	應付公司債		205,958
×7/7/1	利息費用	10,298	
	現金		2,400
	應付公司債		7,898
×7/12/31	利息費用	10,692.8	
	應付利息		2,400
	應付公司債		8,292.8
×8/1/1	應付利息	2,400	
	現金		2,400

×8/7/1	利息費用	11,107.44	
	現金		2,400
	應付公司債		8,707.44

×8/12/31	利息費用	11,542.81	
	應付利息		2,400
	應付公司債		9,142.812

×9/1/1	應付利息	2,400	
	現金		2,400

×9/1/1	應付公司債	240,000	
	現金		240,000

7.   3%

$300,000   -X   -X   -X   -X   -X

利率 3%，期數 5 之年金現值 = 4.57971
$X \times 4.57971 = \$300,000$
$X = \$300,000 \div 4.57971$
$X = \$65,506.33$

(1) 每期應償付 $65,506.33

(2)

×4/12/31	現金	300,000	
	長期應付帳款		300,000

(3)

×5/12/31	長期應付帳款	56,506.33	
	利息費用	9,000 *	
	現金		65,506.33

　　　　* $300,000 × 3% = $9,000

(4)

×6/12/31	長期應付帳款	58,201.52	
	利息費用	7,304.81 *	
	現金		65,506.33

   * ($300,000 − 56,506.33) × 3% = $7,304.81

Chapter 14

投資

問答題

1. 貨幣市場工具：(1) 定存單；(3) 商業本票；(4) 銀行承兌匯票。
   資本市場工具：(2) 普通股票。

2.

	經營模式	會計處理	折溢價攤銷	原始取得之交易成本	出售頻率
1.	只收取合約現金流量(利息及本金)	攤銷後成本	必須攤銷	納入取得成本	很低
2.	收取合約現金流量及出售	透過其他綜合損益按公允價值衡量(須作重分類調整)	必須攤銷	納入取得成本	沒有限制
3.	其他(含持有供交易)	透過損益按公允價值衡量	可攤銷，亦可不攤銷	當期費用	交易目的者高

	影響力之程度	持股比例	會計處理
1.	控制	通常持股>50%，亦稱子公司	編製合併報表
2.	重大影響	持股介於20%與50%之間，亦稱關聯企業(或占有董事會席次等其他有重大影響力情形)	採用權益法
3.	其他(含持有供交易)	持股通常小於20%	1. 透過損益按公允價值衡量 2. 透過其他綜合損益按公允價值衡量(不作重分類調整)

3. 透過損益按公允價值衡量之金融資產，包括持有供交易之金融資產及原始認列時指定透過損益按公允價值衡量之金融資產及所有不屬於其他分類之金融資產。當

企業取得金融資產的目的是打算近期內就要將它處分，或該金融資產屬於企業將以短期獲利的操作模式持有之投資組合時，應將此金融資產分類為持有供交易之金融資產。除此之外，公司也可以在取得金融資產的時候，就把它歸類為(指定為)指定透過損益按公允價值衡量之金融資產。

金融資產若符合下列兩條件則屬於按攤銷後成本衡量之金融資產：(a) 以收取合約現金流量達成經營模式之目的，及 (b) 合約現金流量完全為支付本金及利息。

金融資產若符合下列兩條件則屬於透過其他綜合損益按公允價值衡量之債務工具投資：(a) 以收取合約現金流量及出售兩者達成經營模式目的，及 (b) 合約現金流量完全為支付本金及利息。

其他金融資產則應列入透過損益按公允價值衡量之金融資產，但股票投資若非以交易為目的持有，則可按每股基礎，選擇將此股票投資列入透過其他綜合損益按公允價值衡量之權益工具投資。

4. 要攤銷折、溢價者為：透過其他綜合損益按公允價值衡量之債務工具投資、按攤銷後成本衡量之金融資產。

5. 「透過損益按公允價值衡量之權益工具投資」在股價上升、下跌時，應認列損益，且係列入當期損益。

「透過其他綜合損益按公允價值衡量之權益工具投資」在股價上升、下跌時，應認列價值變動，但係反映在當期其他綜合損益與資產負債表中之其他權益項下。

「採用權益法之投資」無須認列股價之變動。

6. 得不攤銷折、溢價者為：透過損益按公允價值衡量之金融資產。

7.

	透過損益按公允價值衡量之權益工具投資	透過其他綜合損益按公允價值衡量之權益工具投資	採用權益法之投資
被投資公司宣告現金股利	宣告日投資公司無需作分錄，於除息日才認列應收股利與股利收入	宣告日投資公司無需作分錄，於除息日才認列應收股利與股利收入	宣告日無需作分錄 除息日分錄： 　應收股利 　　採權益法之投資
被投資公司發放現金股利（投資公司收到現金股利）	現金 　應收股利	現金 　應收股利	現金 　應收股利

8. 處分透過其他綜合損益按公允價值衡量之債務工具投資時,處分前累積之其他綜合損益應重分類至損益。

9. 處分透過其他綜合損益按公允價值衡量之權益工具投資時,處分前累積之其他綜合損益不應重分類至損益;只有在公司有權收取股利收入時認列股利收入。

10. 採權益法評價的情況如下:
    (1) 投資公司持有被投資公司有表決權股份 20% 以上、50% 以下者。不過,有時候投資公司雖持股達到此一標準,卻有證據顯示對被投資公司沒有重大影響力時,則不適用權益法評價。
    (2) 投資公司持有被投資公司有表決權股份雖然未達 20%,但具有重大影響力。

11. 若投資公司對被投資公司具有實質控制力,此時投資公司與被投資公司形成母子公司關係,除應按權益法作會計處理外,也應編製母子公司合併財務報表。企業編製合併財務報表時,藉由逐行加總資產、負債、收益及費損之類似項目,將母公司及其子公司之財務報表予以合併。集團內個體間之帳戶金額及交易 (包括收益、費損及股利) 則應全數銷除,例如母公司銷貨給子公司,於母公司帳上產生對子公司的應收帳款,子公司帳上有對母公司的應付帳款,在編製合併財務資產負債表時,因為將母子公司視為同一會計個體,而自己不會欠自己錢,故母子公司間的應收 (付) 應予沖銷。

選擇題

1. (D) 屬於資本市場的金融工具　　2. (A) 屬於貨幣市場的金融工具
3. (A)　　　　　　　　　　　　　4. (D)　　　　　　　　　　　　5. (A)
6. (C)　　　　　　　　　　　　　7. (B)　　　　　　　　　　　　8. (D)
9. (C)　　　　　　　　　　　　　10. (B)
11. (A)
    $875 \times 10\% \times 6/12 = \$44$
    $\$1,000 \times 8\% \times 6/12 = \$40$
    $\$44 - \$40 = \$4$
    $\$875 + \$4 = \$879$
12. (D)　　　　　　　　　　　　　13. (D)　　　　　　　　　　　14. (B)

15. (D) 16. (C)

17. (B) $40 × 40\% = \$16$
$100 × 40\% = \$40$
$50 + \$40 – \$16 = \$74$

18. (D) $60 × 20\% = \$12$ 19. (C) 20. (A)

21. (X) 總帳面金額= $199,000 + \$1,000 = \$200,000$
攤銷後成本= $200,000 – \$2,000 = \$198,000$

22. (C) ×0 年底減損損失= $1,500$
×1 年底減損損失= $10,000 – \$1,500 = \$8,500$

練習題

1. (1) 購買日

按攤銷後成本衡量之金融資產	398	
現金		398

(2) 到期日

現金	400	
按攤銷後成本衡量之金融資產		398
利息收入		2

2. (1) 分類為：透過損益按公允價值衡量之金融資產

×7/12/1	透過損益按公允價值衡量之金融資產	250	
	現金		250
×7/12/31	透過損益按公允價值衡量之金融資產評價損益	2	
	透過損益按公允價值衡量之金融資產		2
×8/1/12	現金	255	
	透過損益按公允價值衡量之金融資產評價損益		7
	透過損益按公允價值衡量之金融資產		248

(2) 分類為：透過其他綜合損益按公允價值衡量之權益工具投資

×7/12/1	透過其他綜合損益按公允價值衡量之權益工具投資	250	
	現金		250

×7/12/31	其他綜合損益——透過其他綜合損益按公允價值衡量之權益工具投資損益	2	
	透過其他綜合損益按公允價值衡量之股票投資評價調整		2

	其他權益——透過其他綜合損益按公允價值衡量之權益工具投資損益	2	
	其他綜合損益——透過其他綜合損益按公允價值衡量之權益工具投資損益		2

×8/1/12	透過其他綜合損益按公允價值衡量之權益工具投資評價調整	7	
	其他綜合損益——透過其他綜合損益按公允價值衡量之權益工具投資損益		7

	現金	255	
	透過其他綜合損益按公允價值衡量之權益工具投資		250
	透過其他綜合損益按公允價值衡量之權益工具投資評價調整		5

×8/12/31	其他綜合損益——透過其他綜合損益按公允價值衡量之權益工具投資評價損益	7	
	其他權益——透過其他綜合損益按公允價值衡量之權益工具投資損益		7

此分錄為結帳分錄，亦可於年底作此結帳分錄。

×8/12/31	其他權益——透過其他綜合損益按公允價值衡量之權益工具投資損益	5	
	保留盈餘		5

此分錄為結帳分錄，亦可於年底作此結帳分錄。

3. 分類為：透過損益按公允價值衡量之金融資產

   (1) ×2/2/2　　透過損益按公允價值衡量之金融資產　　1,250,000
    　　　　　　　手續費　　　　　　　　　　　　　　　　50,000
    　　　　　　　　　現金　　　　　　　　　　　　　　　　　　1,300,000
    　　　　　　[50,000 × $25 = $1,250,000]

   (2) ×2/3/3　　宣告日投資公司無需作分錄。

   (3) ×2/5/5　　應收股利　　　　　　　　　　　　　　50,000
    　　　　　　　　　股利收入　　　　　　　　　　　　　　　50,000
    　　　　　　[50,000 × $1 = $5,000]

   而股票股利是在除權日始作備忘分錄，註記收到 2,500 股
   [50,000 × ($0.5 ÷ $10) = 2,500 股]

   (4) ×2/6/6　　現金　　　　　　　　　　　　　　1,312,500
    　　　　　　　　　透過損益按公允價值衡量之金融資產　　1,250,000
    　　　　　　　　　透過損益按公允價值衡量之金融資產評價損益　62,500
    　　　　　　[$25 × 52,500 股 = $1,312,500；$1,312,500 − $1,250,000 = $62,500]

分類為：透過其他綜合損益按公允價值衡量之權益工具投資

   (1) ×2/2/2　　透過其他綜合損益按公允價值衡量之權益
    　　　　　　　工具投資　　　　　　　　　　　　　1,300,000
    　　　　　　　　　現金　　　　　　　　　　　　　　　　　　1,300,000
    　　　　　　[50,000 × $26 = $1,300,000]

   (2) ×2/3/3　　宣告日投資公司無需作分錄。

   (3) ×2/5/5　　應收股利　　　　　　　　　　　　　　50,000
    　　　　　　　　　股利收入　　　　　　　　　　　　　　　50,000
    　　　　　　[50,000 × $1 = $5,000]

   而股票股利是在除權日始作備忘分錄，註記收到 2,500 股
   [50,000 × ($0.5 ÷ $10) = 2,500 股]

(4) ×2/6/6　　現金　　　　　　　　　　　　　　　　　　1,312,500
　　　　　　　　透過其他綜合損益按公允價值衡量之權
　　　　　　　　　益工具投資　　　　　　　　　　　　　　　　1,300,000
　　　　　　　　其他綜合損益—透過其他綜合損益按公
　　　　　　　　　允價值衡量之權益工具投資損益　　　　　　　　12,500
　　　　　　[$25 × 52,500 股 = $1,312,500；$1,312,500 − $1,300,000 = $12,500]

　　結帳分錄與第 2 題類似，此處不予列示。

4. (1) 若為：透過損益按公允價值衡量之金融資產

　　　×1 年初　　透過損益按公允價值衡量之金融資產　　　　76
　　　　　　　　　現金　　　　　　　　　　　　　　　　　　　　76
　　　　　　[$20 + $10 + $46 = $76]

　　　×1/12/31　透過損益按公允價值衡量之金融資產評價損益　10
　　　　　　　　　透過損益按公允價值衡量之金融資產　　　　　　10
　　　　　　[($20 − $20) + ($16 − $10) + ($30 − $46) = ($10)]

　　　×2/12/31　透過損益按公允價值衡量之金融資產　　　　　12
　　　　　　　　　透過損益按公允價值衡量之金融資產評價損益　　12
　　　　　　[($30 − $20) + ($8 − $16) + ($40 − $30) = $12]

　　(2) 若為：透過其他綜合損益按公允價值衡量之權益工具投資

　　　×1 年初　　透過其他綜合損益按公允價值衡量之權益工具
　　　　　　　　　投資　　　　　　　　　　　　　　　　　　76
　　　　　　　　　現金　　　　　　　　　　　　　　　　　　　　76

　　　×1/12/31　其他綜合損益—透過其他綜合損益按公允價
　　　　　　　　　值衡量之權益工具投資損益　　　　　　　　　10
　　　　　　　　　透過其他綜合損益按公允價值衡量之權
　　　　　　　　　　益工具投資評價調整　　　　　　　　　　　　10

　　　　　　　　其他權益—透過其他綜合損益按公允價值衡
　　　　　　　　　量之權益工具投資損益　　　　　　　　　　　10
　　　　　　　　　其他綜合損益—透過其他綜合損益按公
　　　　　　　　　　允價值衡量之權益工具投資損益　　　　　　　10

×2/12/31	透過其他綜合損益按公允價值衡量之權益工具投資評價調整	12	
	其他綜合損益－透過其他綜合損益按公允價值衡量之權益工具投資損益		12
	其他綜合損益－透過其他綜合損益按公允價值衡量之權益工具投資損益	12	
	其他權益－透過其他綜合損益按公允價值衡量之權益工具投資損益		12

5. 甲公司：透過損益按公允價值衡量：$95,000

  乙公司：透過其他綜合損益按公允價值衡量：只有利息影響損益：$8,000 ($100,000 × 8% = $8,000)

  丙公司：按攤銷後成本衡量：$8,000 ($100,000 × 8% = $8,000)

6. 甲公司：

  (1) 損益 = $1,000 利益 [$96,000 − $95,000 = $1,000]

  (2) 其他綜合損益 = $0

  乙公司：

  (1) 損益 = $(4,000) 損失 [$96,000 − $100,000 = $(4,000)]

  (2) 其他綜合損益 = $5,000 利益 [$1,000 − $(4,000) = $5,000]

  丙公司：

  (1) 損益 = $(4,000) 損失 [$96,000 − $100,000 = ($4,000)]

  (2) 其他綜合損益 = $0

7. 甲公司：透過損益按公允價值衡量

  此類金融資產無須認列減損損失

  乙公司：透過其他綜合損益按公允價值衡量

×0/12/31	減損損失	500	
	其他綜合損益－透過其他綜合損益按公允價值衡量之債務工具投資損益		500

×1/12/31	減損損失	9,500	
	透過其他綜合損益按公允價值衡量之債務工具		
	投資評價調整		5,000
	其他綜合損益—透過其他綜合損益按公允價值		
	衡量之權益工具投資損益		4,500

丙公司：按攤銷後成本衡量

×0/12/31	減損損失	500	
	備抵減損		500
×1/12/31	減損損失	9,500	
	備抵減損		9,500

應用問題

1.
×8/1/1	透過其他綜合損益按公允價值衡量之權益工具投資	192,000	
	現金		192,000
×8/12/31	透過其他綜合損益按公允價值衡量之權益工具投資評價調整	4,000	
	其他綜合損益—透過其他綜合損益按公允價值衡量之權益工具投資損益		4,000
	其他綜合損益—透過其他綜合損益按公允價值衡量之權益工具投資損益	4,000	
	其他權益—透過其他綜合損益按公允價值衡量之權益工具投資損益		4,000
×9/1/1	透過其他綜合損益按公允價值衡量之權益工具投資評價調整	1,000	
	其他綜合損益—透過其他綜合損益按公允價值衡量之權益工具投資損益		1,000

		現金	197,000	
		透過其他綜合損益按公允價值衡量之權益工具投資		192,000
		透過其他綜合損益按公允價值衡量之權益工具投資評價調整		5,000
		其他綜合損益—透過其他綜合損益按公允價值衡量之權益工具投資損益	1,000	
		其他權益—透過其他綜合損益按公允價值衡量之權益工具投資損益		1,000
		其他權益—透過其他綜合損益按公允價值衡量之權益工具投資損益	5,000	
		保留盈餘		5,000

2. (1)

a. A公司

×8年	透過損益按公允價值衡量之金融資產	30,000	
	現金		30,000
×8/12/31	透過損益按公允價值衡量之金融資產	20,000	
	透過損益按公允價值衡量之金融資產評價損益		20,000
×9/12/31	現金	20,000	
	透過損益按公允價值衡量之金融資產評價損益	30,000	
	透過損益按公允價值衡量之金融資產		50,000

b. B公司

×8年	透過損益按公允價值衡量之金融資產	50,000	
	現金		50,000
×8/12/31	透過損益按公允價值衡量之金融資產評價損益	10,000	
	透過損益按公允價值衡量之金融資產		10,000
×9/12/31	現金	70,000	
	透過損益按公允價值衡量之金融資產評價損益		30,000
	透過損益按公允價值衡量之金融資產		40,000

c. C 公司

×8 年	透過其他綜合損益按公允價值衡量之權益工具		
	投資	20,000	
	現金		20,000
×8/12/31	透過其他綜合損益按公允價值衡量之權益工具		
	投資評價調整	10,000	
	其他綜合損益——透過其他綜合損益按公允		
	價值衡量之權益工具投資損益		10,000
	其他綜合損益——透過其他綜合損益按公允價值		
	衡量之權益工具投資損益	10,000	
	其他權益——透過其他綜合損益按公允價值		
	衡量之權益工具投資損益		10,000
×9/12/31	其他綜合損益——透過其他綜合損益按公允價值		
	衡量之權益工具投資損益	20,000	
	透過其他綜合損益按公允價值衡量之股票		
	投資評價調整		20,000
	其他權益——透過其他綜合損益按公允價值衡量		
	之權益工具投資損益	20,000	
	其他綜合損益——透過其他綜合損益按公允		
	價值衡量之權益工具投資損益		20,000
	現金	10,000	
	透過其他綜合損益按公允價值衡量之權益工具		
	投資評價調整	10,000	
	透過其他綜合損益按公允價值衡量之權益		
	工具投資		20,000
	保留盈餘	10,000	
	其他權益——透過其他綜合損益按公允價值		
	衡量之權益工具投資損益		10,000

d. D 公司

×8年	透過其他綜合損益按公允價值衡量之權益工具投資	100,000	
	現金		100,000
×8/12/31	其他綜合損益—透過其他綜合損益按公允價值衡量之權益工具投資損益	30,000	
	透過其他綜合損益按公允價值衡量之權益工具投資評價調整		30,000
	其他權益—透過其他綜合損益按公允價值衡量之權益工具投資損益	30,000	
	其他綜合損益—透過其他綜合損益按公允價值衡量之權益工具投資損益		30,000
×9/12/31	透過其他綜合損益按公允價值衡量之權益工具投資評價調整	60,000	
	其他綜合損益—透過其他綜合損益按公允價值衡量之權益工具投資損益		60,000
	其他綜合損益—透過其他綜合損益按公允價值衡量之權益工具投資損益	60,000	
	其他權益—透過其他綜合損益按公允價值衡量之權益工具投資損益		60,000
	現金	130,000	
	透過其他綜合損益按公允價值衡量之權益工具投資評價調整		30,000
	透過其他綜合損益按公允價值衡量之權益工具投資		100,000
	其他權益—透過其他綜合損益按公允價值衡量之權益工具投資損益	30,000	
	保留盈餘		30,000

(2)

×8 年部分綜合損益表				
	A 公司	B 公司	C 公司	D 公司
其他利益及損失（減損損失）	20,000	(10,000)	-	-
本期淨利	20,000	(10,000)	-	-
其他綜合損益				
後續不能重分類之項目：				
透過其他綜合損益按公允價值衡量之權益工具投資損益	-	-	10,000	(30,000)
本期綜合損益	20,000	(10,000)	10,000	(30,000)

×8 年部分資產負債表				
	A 公司	B 公司	C 公司	D 公司
透過損益按公允價值衡量之金融資產	50,000	40,000	-	-
透過其他綜合損益按公允價值衡量之權益工具投資			20,000	100,000
透過其他綜合損益按公允價值衡量之權益工具投資評價調整	-	-	10,000	(30,000)
保留盈餘	20,000	(10,000)	-	-
其他權益	-	-	10,000	(30,000)

3. (1) 按攤銷後成本衡量之金融資產

×0/12/31	按攤銷後成本衡量之金融資產		92,418	
	現金			92,418
	減損損失		500	
	備抵減損			500
×1/12/31	現金		8,000	
	按攤銷後成本衡量之金融資產		1,242	
	利息收入			9,242

	減損損失	9,500	
	備抵減損		9,500 *
	*判斷債券的信用風險已顯著增加 (存續期間預期信用損失金額顯著增加)		
×2/4/1	應收利息	2,000	
	按攤銷後成本衡量之金融資產	342	
	利息收入		2,342
	現金	104,000	
	備抵減損	10,000	
	按攤銷後成本衡量之金融資產		94,002
	應收利息		2,000
	處分投資利益		17,998

(2) 透過損益按公允價值衡量之債務工具投資

×0/12/31	透過損益按公允價值衡量之債務工具投資	92,418	
	現金		92,418
	透過損益按公允價值衡量之債務工具投資	2,582	
	透過損益按公允價值衡量之金融資產評價損益		2,582
×1/12/31	現金	8,000	
	透過損益按公允價值衡量之債務工具投資	1,242	
	利息收入		9,242
	(此類投資亦可不作折價攤銷)		
	透過損益按公允價值衡量之金融資產評價損益	8,242	
	透過損益按公允價值衡量之債務工具投資		8,242
×2/4/1	應收利息	2,000	
	透過損益按公允價值衡量之債務工具投資	342	
	利息收入		2,342
	現金	104,000	
	透過損益按公允價值衡量之債務工具投資		88,342
	應收利息		2,000
	透過損益按公允價值衡量之金融資產評價損益		13,658

(3) 透過其他綜合損益按公允價值衡量之債務工具投資

×0/12/31	透過其他綜合損益按公允價值衡量之債務工具投資	92,418	
	現金		92,418
	減損損失	500	
	透過其他綜合損益按公允價值衡量之債務工具投資評價調整	2,582	
	其他綜合損益——透過其他綜合損益按公允價值衡量之債務工具投資損益		3,082 [註]
×1/12/31	現金	8,000	
	透過其他綜合損益按公允價值衡量之債務工具投資	1,242	
	利息收入		9,242
	減損損失	9,500	
	透過其他綜合損益按公允價值衡量之債務工具投資評價調整		8,242
	其他綜合損益——透過其他綜合損益按公允價值衡量之債務工具投資損益		1,258 [註]
×2/4/1	應收利息	2,000	
	透過其他綜合損益按公允價值衡量之債務工具投資	342	
	利息收入		2,342
	現金	104,000	
	透過其他綜合損益按公允價值衡量之債務工具投資評價調整	5,660	
	透過其他綜合損益按公允價值衡量之債務工具投資		94,002
	應收利息		2,000
	其他綜合損益——透過其他綜合損益按公允價值衡量之債務工具投資損益		13,658

Chapter 14　投資

其他綜合損益—透過其他綜合損益按公允價值衡量之債務工具投資損益	17,998	
透過其他綜合損益按公允價值衡量債務工具投資處分損益		17,998

<註>：×0及×1年底結帳分錄，其他綜合損益—透過其他綜合損益按公允價值衡量之債務工具投資損益應結轉至：其他權益—透過其他綜合損益按公允價值衡量債務工具投資評價損益。

4. (1) 按攤銷後成本衡量之金融資產

×0/12/31	按攤銷後成本衡量之金融資產	108,425	
	現金		108,425
	減損損失	500	
	備抵減損		500
×1/12/31	現金	8,000	
	按攤銷後成本衡量之金融資產		1,494
	利息收入		6,506
	減損損失	9,500	
	備抵減損		9,500 *

＊判斷債券的信用風險已顯著增加（存續期間預期信用損失金額顯著增加）

×2/4/1	應收利息	2,000	
	按攤銷後成本衡量之金融資產		396
	利息收入		1,604
	現金	103,000	
	備抵減損	10,000	
	處分投資利益		4,465
	按攤銷後成本衡量之金融資產		106,535
	應收利息		2,000

(2) 透過損益按公允價值衡量之債務工具投資

×0/12/31	透過損益按公允價值衡量之債務工具投資	108,425	
	現金		108,425

×1/12/31	現金	8,000	
	透過損益按公允價值衡量之債務工具投資		1,494
	利息收入		6,506
	（此類投資亦可不作溢價攤銷）		
	透過損益按公允價值衡量之金融資產評價損益	16,931	
	透過損益按公允價值衡量之債務工具投資		16,931
×2/4/1	應收利息	2,000	
	透過損益按公允價值衡量之債務工具投資		396
	利息收入		1,604
	現金	103,000	
	透過損益按公允價值衡量之債務工具投資		89,604
	應收利息		2,000
	處分投資利益*		11,396

*或透過損益按公允價值衡量投資之評價利益

(3) 透過其他綜合損益按公允價值衡量之債務工具投資

×0/12/31	透過其他綜合損益按公允價值衡量之債務工具投資	108,425	
	現金		108,425
	減損損失	500 [註]	
	其他綜合損益—透過其他綜合損益按公允價值衡量之債務工具投資損益		500
×1/12/31	現金	8,000	
	透過其他綜合損益按公允價值衡量之債務工具投資		1,494
	利息收入		6,506
	減損損失	9,500	
	其他綜合損益—透過其他綜合損益按公允價值衡量之債務工具投資損益	7,431 [註]	
	透過其他綜合損益按公允價值衡量之債務工具投資評價調整		16,931

×2/4/1	應收利息	2,000	
	透過其他綜合損益按公允價值衡量之債務工		
	具投資		396
	利息收入		1,604

	現金	103,000	
	透過其他綜合損益按公允價值衡量之債務工具投		
	資評價調整	16,931	
	透過其他綜合損益按公允價值衡量之債務工		
	具投資		106,535
	應收利息		2,000
	其他綜合損益—透過其他綜合損益按公允價		
	值衡量之債務工具投資損益		11,396

	其他綜合損益—透過其他綜合損益按公允價值衡		
	量之債務工具投資損益	4,465	
	透過其他綜合損益按公允價值衡量之債務工		
	具投資處分損益		4,465

<註>：×0 及 ×1 年底結帳分錄，其他綜合損益—透過其他綜合損益按公允價值衡量之債務工具投資損益應結轉至：其他權益—透過其他綜合損益按公允價值衡量債權投資未實現損益。

5. 甲公司對乙公司投資相關分錄如下：

×5/1/1	採用權益法之投資	162,000	
	現金		162,000

×5/12/31	採用權益法之投資	6,000	
	採用權益法之關聯企業損益份額		6,000

　　　持股比率 = 18,000 / 60,000 = 30%
　　　投資收益 = 20,000 × 30% = 6,000

×5/12/31	應收股利	2,400	
	採用權益法之投資		2,400

　　　持股比率 = 18,000 / 60,000 = 30%
　　　應收股利 = 8,000 × 30% = 2,400

(2)	現金	500,000	
	透過損益按公允價值衡量之金融資產評價損益		30,000
	透過損益按公允價值衡量之金融資產		470,000
或	現金	500,000	
	透過損益按公允價值衡量之金融資產評價調整	30,000	
	透過損益按公允價值衡量之金融資產評價損益		30,000
	透過損益按公允價值衡量之金融資產		500,000
(3)	現金	500,000	
	透過其他綜合損益按公允價值衡量之債務工具投資評價調整	30,000	
	透過其他綜合損益按公允價值衡量之債務工具投資		500,000
	其他綜合損益—透過其他綜合損益按公允價值衡量之債務工具投資損益		30,000

8. (1) 綜合損益表

×1年部分綜合損益表			
	按攤銷後成本衡量	透過損益按公允價值衡量	透過其他綜合損益按公允價值衡量
利息收入	30,000	30,000	30,000
其他利益及損失（評價損益）		60,000	
本期淨利	**30,000**	90,000	**30,000**
其他綜合損益			
後續可能重分類之項目：			
透過其他綜合損益按公允價值衡量之債務工具投資損益			60,000
本期綜合損益	30,000	**90,000**	**90,000**

×2年部分綜合損益表

	按攤銷後成本衡量	透過損益按公允價值衡量	透過其他綜合損益按公允價值衡量
利息收入	30,000	30,000	30,000
其他利益及損失（評價損失）		(90,000)	
本期淨利	**30,000**	**(60,000)**	**30,000**
其他綜合損益			
後續可能重分類之項目：			
透過其他綜合損益按公允價值衡量之債務工具投資損益			(90,000)
本期綜合損益	30,000	**(60,000)**	**(60,000)**

×3年部分綜合損益表

	按攤銷後成本衡量	透過損益按公允價值衡量	透過其他綜合損益按公允價值衡量
利息收入	30,000	30,000	30,000
其他利益及損失（評價損益）		30,000	
本期淨利	**30,000**	60,000	**30,000**
其他綜合損益			
後續可能重分類之項目：			
透過其他綜合損益按公允價值衡量之債務工具投資損益			30,000
本期綜合損益	30,000	**60,000**	**60,000**

(2)資產負債表

×1年部分資產負債表					
按攤銷後成本衡量		透過損益 按公允價值衡量		透過其他綜合損益 按公允價值衡量	
按攤銷後成本衡量之金融資產	500,000	透過損益按公允價值衡量之金融資產	560,000	透過其他綜合損益按公允價值衡量之債務工具投資	500,000
				透過其他綜合損益按公允價值衡量之債務工具評價調整	60,000
保留盈餘	30,000	保留盈餘	90,000	保留盈餘	30,000
其他權益	0	其他權益	0	其他權益	60,000

×2年部分資產負債表					
按攤銷後成本衡量		透過損益 按公允價值衡量		透過其他綜合損益 按公允價值衡量	
按攤銷後成本衡量之金融資產	500,000	透過損益按公允價值衡量之金融資產	470,000	透過其他綜合損益按公允價值衡量之債務工具投資	500,000
				透過其他綜合損益按公允價值衡量之債務工具評價調整	(30,000)
保留盈餘	60,000	保留盈餘	30,000	保留盈餘	60,000
其他權益	0	其他權益	0	其他權益	(30,000)

×3年部分資產負債表					
按攤銷後成本衡量		透過損益按公允價值衡量		透過其他綜合損益按公允價值衡量	
按攤銷後成本衡量之金融資產	--	透過損益按公允價值衡量之金融資產	--	透過其他綜合損益按公允價值衡量之債務工具投資	--
				透過其他綜合損益按公允價值衡量之債務工具評價調整	--
保留盈餘	90,000	保留盈餘	90,000	保留盈餘	90,000
其他權益	0	其他權益	0	其他權益	0

9.

日期	現金	利息收入	攤銷金額	未攤銷餘額	投資帳面金額
×1/1/1				$51,542	$948,458
×1/12/31	$60,000	$75,877	$15,877	$35,665	$964,335
×2/12/31	$60,000	$77,147	$17,147	$18,518	$981,482
×3/12/31	$60,000	$78,518	$18,518	$0	$1,000,000

×1/1/1　　透過其他綜合損益按公允價值衡量之債務工
　　　　　　具投資　　　　　　　　　　　　　　948,458
　　　　　　　現金　　　　　　　　　　　　　　　　　　948,458

×1/12/31　現金　　　　　　　　　　　　　　　60,000
　　　　　　透過其他綜合損益按公允價值衡量之債務工
　　　　　　　具投資　　　　　　　　　　　　　15,877
　　　　　　　利息收入　　　　　　　　　　　　　　　75,877

　　　　　　透過其他綜合損益按公允價值衡量債務工具
　　　　　　　投資評價調整　　　　　　　　　　73,387
　　　　　　　其他綜合損益—透過其他綜合損益按公
　　　　　　　　允價值衡量之債務工具投資損益　　　73,387
　　　　　$1,037,722 − $964,335 = $73,387

×2/12/31	現金	60,000	
	透過其他綜合損益按公允價值衡量之債務工具投資	17,147	
	利息收入		77,147

	其他綜合損益—透過其他綜合損益按公允價值衡量之債務工具投資損益	64,215	
	透過其他綜合損益按公允價值衡量之債務工具投資評價調整		64,215

($990,654 − $981,482) − $73,387 = −$64,215

	現金	495,327	
	透過其他綜合損益按公允價值衡量之債務工具投資		490,741
	透過其他綜合損益按公允價值衡量之債務工具投資評價調整		4,586

	其他綜合損益—重分類調整—透過其他綜合損益按公允價值衡量之債務工具投資損益	4,586	
	處分投資利益		4,586

10.

日期	現金	利息收入	攤銷金額	未攤銷餘額	投資帳面金額
×1/1/1				$49,737	$950,263
×1/12/31	$80,000	$95,026	$15,026	$34,711	$965,289
×2/12/31	$80,000	$96,529	$16,529	$18,182	$981,818
×3/12/31	$80,000	$98,182	$18,182	$0	$1,000,000

×2/12/31	現金	509,434	
	按攤銷後成本衡量之金融資產		490,909
	處分投資利益		18,525

×2/12/31　透過其他綜合損益按公允價值衡量之債務工
　　　　　　具投資　　　　　　　　　　　　　509,434
　　　　　　　　按攤銷後成本衡量之金融資產　　　　　　　490,909
　　　　　　　　其他綜合損益—透過其他綜合損益按公
　　　　　　　　　允價值衡量之債務工具投資損益　　　　　 18,525

會計達人

1. (1) ×1 年其他綜合損益：($40,000 − $20,000) + ($50,000 − $30,000) = $40,000(利益)

　　×2 年其他綜合損益：($60,000 − $40,000) + ($70,000 − $50,000) + ($80,000 − $60,000) + ($90,000 − $70,000) = $80,000(利益)

(2) ×1 年年底其他權益：($40,000 − $20,000) + ($50,000 − $30,000) = $40,000(貸餘)

　　×2 年年底其他權益：($70,000 − $30,000) + ($90,000 − $70,000) = $60,000(貸餘)

(3) ×1 年重分類調整金額：$0

　　×2 年重分類調整金額：($60,000 − $20,000) + ($80,000 − $60,000) = $60,000

　　即，認列 $60,000 處分利益，並認列 $60,000 其他綜合損失—重分類調整

(4) ×1 年綜合損益影響數：($40,000 − $20,000) + ($50,000 − $30,000) = $40,000 (利益)

　　×2 年綜合損益影響數：($60,000 − $40,000) + ($70,000 − $50,000) + ($80,000 − $60,000) + ($90,000 − $70,000) =$80,000(利益)

　　[有無做重分類調整不影響綜合損益總額，因為重分類調整時，其他綜合損益調整金額與處分損益金額的加總一定為 0 (金額相等，損益方向相反)，所以這小題答案與 (1) 的答案相同]

2.

(1) 按攤銷後成本衡量之金融資產

　　×4/12/31　現金　　　　　　　　　　　　　　　　8,000
　　　　　　　　按攤銷後成本衡量之金融資產　　　　　　　1,653
　　　　　　　　利息收入　　　　　　　　　　　　　　　　9,653

		減損損失	9,500	
		備抵減損		9,500 *
		*判斷債券的信用風險已顯著增加 (存續期間預期信用損失金額顯著增加)		
×5/4/1		應收利息	2,000	
		按攤銷後成本衡量之金融資產	455	
		利息收入		2,455
		現金	104,000	
		備抵減損	10,000	
		按攤銷後成本衡量之金融資產		98,637
		應收利息		2,000
		處分投資利益		13,363

(2) 透過損益按公允價值衡量之債務工具投資

×4/12/31		現金	8,000	
		透過損益按公允價值衡量之債務工具投資	1,653	
		利息收入		9,653
		（此類投資亦可不作溢價攤銷）		
		透過損益按公允價值衡量之金融資產評價損益	8,653	
		透過損益按公允價值衡量之債務工具投資		8,653
×5/4/1		應收利息	2,000	
		透過損益按公允價值衡量之債務工具投資	455	
		利息收入		2,455
		現金	104,000	
		透過損益按公允價值衡量之債務工具投資		88,455
		應收利息		2,000
		透過損益按公允價值衡量之金融資產評價損益		13,545

(3) 透過其他綜合損益按公允價值衡量之債務工具投資

×4/12/31	現金	8,000	
	透過其他綜合損益按公允價值衡量之債務		
	工具投資	1,653	
	利息收入		9,653
	減損損失	9,500	
	透過其他綜合損益按公允價值衡量之		
	債務工具投資評價調整		8,653
	其他綜合損益─透過其他綜合損益按		
	公允價值衡量之債務工具投資損益		847 <註>
×5/4/1	應收利息	2,000	
	透過其他綜合損益按公允價值衡量之債務		
	工具投資	455	
	利息收入		2,455
	現金	104,000	
	透過其他綜合損益按公允價值衡量之債務		
	工具投資評價調整	10,182	
	透過其他綜合損益按公允價值衡量之		
	債務工具投資		98,637
	應收利息		2,000
	其他綜合損益─透過其他綜合損益按公		
	允價值衡量之債務工具投資損益		13,545
	其他綜合損益─透過其他綜合損益按公允		
	價值衡量之債務工具投資損益	13,363	
	透過其他綜合損益按公允價值衡量之		
	債務工具投資處分損益		13,363

<註>：×0及×1年底結帳分錄，其他綜合損益─透過其他綜合損益按公允價值衡量之債務工具投資損益應結轉至：其他權益─透過其他綜合損益按公允價值衡量債權投資損益。

3.

×1/1/1	透過損益按公允價值衡量之金融資產		951,000	
	現金			951,000
×1/12/31	現金		50,000	
	透過其他綜合損益按公允價值衡量之債務工具投資		8,677	
	利息收入			58,677
	透過其他綜合損益按公允價值衡量之債務工具投資評價調整		76,622	
	其他綜合損益──透過其他綜合損益按公允價值衡量之債務工具投資損益			76,622
	其他綜合損益──透過其他綜合損益按公允價值衡量之債務工具投資損益		76,622	
	其他權益──透過其他綜合損益按公允價值衡量之債務工具投資損益			76,622
×2/12/31	現金		50,000	
	透過其他綜合損益按公允價值衡量之債務工具投資		9,212	
	利息收入			59,212
	透過其他綜合損益按公允價值衡量之債務工具投資評價調整		11,061	
	其他綜合損益──透過其他綜合損益按公允價值衡量之債務工具投資損益			11,061
	其他綜合損益──透過其他綜合損益按公允價值衡量之債務工具投資損益		11,061	
	其他權益──透過其他綜合損益按公允價值衡量之債務工具投資損益			11,061
×3/12/31	現金		50,000	
	透過其他綜合損益按公允價值衡量之債務工具投資		9,780	
	利息收入			59,780

其他綜合損益——透過其他綜合損益按公允價
　　　　值衡量之債務工具投資損益　　　　28,094
　　　　　其他綜合損益按公允價值衡量之債
　　　　　　務工具投資評價調整　　　　　　　　28,094
　　其他權益——透過其他綜合損益按公允價值衡
　　　　量之債務工具投資損益　　　　　　28,094
　　　　　其他綜合損益——透過損益按公允價值衡
　　　　　　量之債務工具投資損益　　　　　　28,094

4.

(1) ×1 年底 = $2,000 – $1,500 = $500

(2) ×2 年底 = $25,000 – $2,000 = $23,000

(3) ×3 年底 = $1,000 – $25,000 = $(24,000)

5.

(1) 採權益法之投資之損益 = $120,000 × 25% = $30,000 利益

　　透過損益按公允價值衡量之金融資產之損益

　　　= ($40 – $25) × 8,000 + ($2 × 8,000) = $136,000 利益

　　損益之差額 = $30,000 – $136,000 = $(106,000)

(2) 採權益法之投資之損益 = $120,000 × 25% = $30,000 利益

　　透過其他綜合損益按公允價值衡量之權益工具投資之股利收入

　　　= $2 × 8,000 = $16,000

　　透過其他綜合損益按公允價值衡量之權益工具投資之其他綜合損益

　　　= ($40 – $25) × 8,000 = $120,000 利益

　　損益差額 = $30,000 – $16,000 = $14,000 (採權益法下損益較高)

　　綜合損益差額 = ($30,000 + $0) – ($16,000 + $120,000) = $(106,000) (採權益法下損益較低)

(3) 透過損益按公允價值衡量之金融資產之損益

　　　= ($40 – $25) × 8,000 + ($2 × 8,000) = $136,000 利益

　　透過損益按公允價值衡量之金融資產之其他綜合損益 = $0

　　透過其他綜合損益按公允價值衡量之權益工具投資之股利收入

　　　= $2 × 8,000 = $16,000

透過其他綜合損益按公允價值衡量之權益工具投資之其他綜合損益
  = ($40 – $25) × 8,000 = $120,000 利益

損益差額 = $136,000 – $16,000 = $120,000 (透過損益按公允價值衡量之權益工具投資較高)

綜合損益差額 = $136,000 – ($16,000 + $120,000) = $0 (兩者之綜合損益一樣)

6. IFRS 9 的預期信用損失模式，將債券減損損失必須認列的金額，依該債券於財務報導日之信用風險狀況與原始認列時之信用風險狀況相比較，並分成三個階段。如果信用風險沒有顯著增加，則屬於第一階段，只須認列較低的未來 12 個月預期信用損失 (12-month expected credit losses) 即可。但如果在財務報導日時，該債券的信用風險已經較原始認列時顯著增加，則應認列整個存續期間預期信用損失 (life-time expected credit losses)，此時為第二階段。在第一及第二減損階段時，該債券應依其總帳面金額 (未扣除備抵損失前之金額) 認列利息收入。如果該債券信用繼續惡化，已經到達減損之地步，則將進入第三階段，除應認列存續期間預期信用損失，並且未來利息收入只能就該債券的攤銷後成本 (總帳面金額扣除備抵損失後之金額) 認列利息收入。

各階段之減損判斷依據如下：

第一階段 信用風險未顯著增加	第二階段 信用風險已顯著增加	第三階段 已經減損
● 債務人違約機率與原始認列時相比較，並無顯著增加	● 債務人違約機率與原始認列時相比較，並無顯著增加 ● 亦即只考量債務人本身之信用風險，擔保品價值的高低以及第三信用保證的有無，不影響此處之判斷	● 債務人已經違約
	綜合判斷指標： ● 新創始之金融資產，條款更為嚴格 (信用價差、擔保品、利息保障倍數) ● 外部信用價差變大、債務人信用違約交換價格變高、債務人之股價下跌	綜合判斷指標： ● 債務人發生重大財務困難 ● 違約，諸如延滯或逾期事項 ● 債權人因債務人財務困難之理由，給予債務人原

第一階段 信用風險未顯著增加	第二階段 信用風險已顯著增加	第三階段 已經減損
	• 內部或外部信用評等調降 • 經營、財務或經濟狀況已經或預期會有不利變化 • 擔保品或第三方保證品質惡化，使得債務人有誘因會違約 • 放款條件預期朝向更為寬鬆的變動，例如寬限期間加強	不可能考量之讓步 • 債務人很有可能聲請破產或財務重整 • 因財務困難而使該金融資產自活絡市場中消失

7. 債務工具各期利息收入 = 期初總帳面金額 × 有效利率 (利息收入不考慮減損)

   債務工具各期備抵減損 = 12個月或存續期間預期信用損失

   債務工具攤銷後成本 = 期末總帳面金額 – 期末備抵減損

   由上述關係式可知，認列利息收入時，不考慮備抵減損；第二步驟才在脫鉤的情形下獨立計算備抵減損。另應注意，已經列入第三階段減損時，認列利息收入則應以攤銷後成本 (已考慮備抵減損) 之金額為計算基礎。

Chapter 15
權益：股本、資本公積與庫藏股票

問答題

1. 有公司、合夥、獨資三種企業組織型態。

2. 普通股股東有四種權利：
   (1) 表決權。
   (2) 依持股多寡獲得分配股利之權利。
   (3) 獲配公司剩餘資產的權利。
   (4) 優先認股權。

3. (1) 當公司發行新股時，為避免原股東股份被稀釋，故每位股東有按其持股比例優先認購新股的權利，是為「優先認股權」。
   (2) 公司的盈餘以股利的方式分配給股東時，每位股東可按其持股比例取得股利，是為「盈餘分配權」。

4. 常見的權益項下的項目，依本章所介紹之內容，包括：
   (1) 特別股股本。　　　　　　　　(2) 普通股股本。
   (3) 資本公積—發行普通股溢價。　(4) 資本公積—庫藏股票交易。
   (5) 保留盈餘。　　　　　　　　　(6) 庫藏股票等。

5. 對於普通股的相關權利有特別優先或限制者，稱為特別股。特別股持有人擁有：(1) 每年度優先分配股利權利，與 (2) 企業最終結束營業時優先領回面額或贖回額的權利，所以也被稱為優先股。如果是非參加、非累積之「純特別股」，其股利不隨企業營運績效增長，不像普通股股東，在企業營運績效較佳年度，可能獲分配較多之現金股利。

6. 特別股通常屬於權益項下的項目，但是如果企業發行符合國際會計準則第三十二號規定具金融負債性質之特別股，則屬於負債項下項目。

Chapter 15　權益：股本、資本公積與庫藏股票

7. 資本公積的來源包括：資本公積—發行特別股溢價、資本公積—發行普通股溢價、公司債轉換股本溢價、資本公積—庫藏股票交易、資本公積—受領贈與等。

8. (1) 在認購日，應按認購股票面額總和貸記「已認購股本」與「資本公積—股本溢價」；
   (2) 待認股人繳完股款，並向主管機關辦理登記核准後，才能將股票交付給認股人，並將「已認購股本」項目轉列為正式股本。

9. 庫藏股票交易的會計處理在買回庫藏股票時，應以購買成本借記「庫藏股票」項目，貸記現金。

10. 因售得價款高於成本，除將原庫藏股票項目金額貸記歸零外，多出的差額部分則貸記「資本公積－庫藏股票交易」項目。

11. 因處分價格低於帳面金額，故依成本將庫藏股票項目金額貸記歸零後，不足的差額應沖抵同種類庫藏股票之交易所產生之資本公積；如仍有不足，則借記保留盈餘。

12. 「不動產、廠房及設備之重估增值」、「透過其他綜合損益按公允價值衡量之債務工具投資損益」、「透過其他綜合損益按公允價值衡量之權益工具投資損益」

選擇題

1. (C) 公司的最終所有權人是普通股持有人，即一般所稱之股東。

2. (A)　　　　3. (C)　　　　4. (D)

5. (A) 同學請小心，「可轉換特別股」要求轉換的權利屬於特別股持有人；「可贖回特別股」的價格低於「不可贖回特別股」，因為其贖回權利屬於發行企業。

6. (A) 此次發行新增加普通股股本 = $10/股 × 120 股 = $1,200

7. (B)　　　　　　　　8. (B)　庫藏股票是權益抵銷項目。

9. (C) 庫藏股票是權益抵銷項目，賣出庫藏股票將使權益增加。

10. (D)

11. (D) 特別股發行溢價 $200、普通股發行溢價 $3,400、資本公積 - 庫藏股票交易 $100、捐贈資本 $200 總和

12. (C)　$20 + $40 + $40 − $10 = $90

13. (B)　註銷分錄：　普通股　　　　　　　　　60,000
　　　　　　　　　　資本公積—普通股溢價　　 30,000
　　　　　　　　　　保留盈餘　　　　　　　　 24,000
　　　　　　　　　　　　庫藏股票　　　　　　　　　　　114,000

14. (B)　5 月 1 日：無影響；7 月 1 日：增加 $30,000

15. (D)　$1,500,000 + $1,000,000 + $500,000 = $3,000,000

16. (B)　($25 − $10) × 4,000 + $10,000 = $70,000

練習題

1. 　現金　　　　　　　　　　　　　　　14,000
　　　　特別股股本　　　　　　　　　　　　　　10,000
　　　　資本公積—特別股發行溢價　　　　　　　 4,000

2. 可獲分配現金 = $1 / 股 × 1,000 股 / 張 × 20 張
　　　　　　　 = $20,000

3. (1) 發行股數 = 股本 $600 ÷ 每股面額 $10
　　　　　　　 = 60 股

　(2) 流通在外股數 = 發行股數 − 買回庫藏股票數
　　　　　　　　　 = 60 股 − 10 股
　　　　　　　　　 = 50 股

4. 所收到現金總額 = $17 × 90 股 = $1,530
　 新增加普通股股本總額 = $10 × 90 股 = $900
　 發行溢價 = ($17 − $10) × 90 股 = $630

　　現金　　　　　　　　　　　　　　　1,530
　　　　普通股股本　　　　　　　　　　　　　　900
　　　　資本公積—普通股發行溢價　　　　　　　630

5. (1) 現金　　　　　　　　　　　　　　10,000
　　　　　普通股　　　　　　　　　　　　　　　10,000

(2) 現金	28,000	
普通股		20,000
資本公積—普通股溢價		8,000
(3) 現金	26,000	
普通股		26,000
(4) 現金	32,000	
普通股		20,000
資本公積—投入資本超過設定價值		12,000

6. 奧瑟企業發行面額 $10 的普通股股票，發行價格為 $20
　　　$1,200 ÷ 120 = $10 (每股面額)
　　　$2,400 ÷ 120 = $20 (每股發行價格)

7. (1) ($42,000 ÷ 2,000) − $10 = $11

(2) 現金	42,000	
特別股股本		20,000
資本公積—特別股發行溢價		22,000

8. 股本為 $10 × 160 股 = $1,600

9. 股數為 300 − 250 = 50 股

10. (1) 庫藏股票	38,000	
現金		38,000
(2) 現金	20,250	
庫藏股票		17,100
資本公積—庫藏股票交易		3,150
(3) 現金	18,500	
資本公積—庫藏股票交易	500	
庫藏股票		19,000

應用問題

1. 現金	420	
資本公積—普通股發行溢價	180	
普通股股本		600

2. (1) 認購時的分錄 (假設面額 10 元)：

現金	500	
應收認購普通股款	900	
已認購普通股股本		1,000
資本公積—普通股發行溢價		400

(2) 投資人繳付股款時的分錄：

| 現金 | 900 | |
| 　應收認購普通股款 | | 900 |

3.
土地	3,000	
建築物	1,000	
普通股股本		2,000
資本公積—普通股發行溢價		2,000

4. 土地之重估價
　　= 重估後認定之土地價值 – 重估前土地成本
　　= \$190 – \$60 = \$130

| 土地 | 130 | |
| 　其他綜合損益—土地之重估值 | | 130 |

5. 霍爾企業以現金 \$30，自市場中購回其普通股票。

6. 黛博拉企業出售庫藏股票得款\$60，高出原先自市場買回時的成本(\$50)達\$10。

7.
土地	188	
辦公設備	12	
資本公積—捐贈資本		200

8. (1) \$18 – \$10 = \$8

(2) \$8 × 1,000 = \$ 8,000
　　使得柏恩瑟資本公積中普通股發行溢價增加 \$8,000。

9. 喬恩企業作資產重估後，土地帳面金額調整增加 \$75。

10. 因原有之債券投資公允價值又漲了 \$40。

Chapter 15 權益：股本、資本公積與庫藏股票

會計達人

1. 認購時的分錄：

應收認購普通股款	2,820	
現金	180	
已認購普通股股本		500
資本公積─普通股發行溢價		2,500

2. (1) 認購時的分錄：

應收認購普通股款	2,640	
現金	560	
已認購普通股股本		1,000
資本公積─普通股發行溢價		2,200

(2) 投資人繳付股款時的分錄：

現金	2,640	
應收認購普通股款		2,640

(3) 股票發行日的分錄：

已認購普通股股本	1,000	
普通股股本		1,000

3. (1)

庫藏股票	200,000	
現金		200,000

(2)

現金	112,000	
庫藏股票		100,000
資本公積─庫藏股票交易		12,000

(3)

現金	84,000	
資本公積─庫藏股票交易	12,000	
保留盈餘	4,000	
庫藏股票		100,000

4. (1)

庫藏股票	180,000	
現金		180,000

(2)

現金	124,000	
庫藏股票		120,000
資本公積—庫藏股票交易		4,000

(3)

現金	46,000	
資本公積—庫藏股票交易	4,000	
保留盈餘	10,000	
庫藏股票		60,000

5. (1) ×1年7月7日丹尼發行普通股股票 90 股，每股面額 $10，發行價格 $28。

現金	2,520	
普通股股本		900
資本公積－普通股發行溢價		1,620

(2) ×1年9月9日丹尼發行 80 股普通股股票，以交換全忠企業的機器設備。當日丹尼股票市價是 $30；經鑑價結果，這批機器設備的公允價值是 $2,400。

機器設備	2,400	
普通股股本		800
資本公積—普通股發行溢價		1,600

6. (1)

現金	20,000	
普通股		10,000
資本公積—普通股溢價		10,000

(2)

開辦費	80,000	
普通股		40,000
資本公積—普通股溢價		40,000

(3)

土地	880,000	
普通股		400,000
資本公積—普通股溢價		480,000

7. (1) 買進當時發行股數不變，但未來如果作註銷，則註銷後發行股數會減少 600,000 股
   (2) 流通在外股數減少 600,000 股
   (3) 買進當時股本不變，但未來如果作註銷，則註銷後股本會減少 $6,000,000
   (4) 現金減少 $60 × 600,000 = $36,000,000

8. (1)

3/1	現金		2,400	
	普通股股本			1,600
	資本公積—普通股溢價			800
5/1	土地		210	
	普通股股本			120
	資本公積—普通股溢價			90
7/1	專利權		36	
	特別股股本			20
	資本公積—特別股溢價			16
11/1	現金		120	
	應收已認購股款		160	
	已認購普通股股本			200
	資本公積—普通股溢價			80
12/31	本期損益		500	
	保留盈餘			500

(2)

村上童裝公司
×1 年 12 月 31 日
資產負債表(部分)

權益	
特別股股本（4 股）	$ 80
特別股發行溢價	46
普通股股本（126 股）	2,520
普通股發行溢價	1,210
已認購普通股股本	200
保留盈餘	1,500

9.
4/1	庫藏股票	120,000	
	現金		120,000
8/1	現金	42,500	
	庫藏股票		37,500
	資本公積—庫藏股票交易		5,000
10/1	現金	36,000	
	資本公積—庫藏股票交易	5,000	
	保留盈餘	4,000	
	庫藏股票		45,000
12/1	普通股	25,000	
	資本公積—普通股溢價	12,500	
	庫藏股票		37,500

保留盈餘之餘額 = $800,000 − $4,000 = $796,000

10. (1) 普通股加權平均流通在外股數
= 300,000 − (30,000 × 8/12) + (30,000 × 6/12) + (60,000 × 3/12)
= 310,000 (股)

(2) 普通股每股盈餘
   = [（淨利 − 特別股股利）／310,000]
   = [$712,000 − ($10 × 50,000 × 6%)] / 310,000
   = $2.2

Chapter 16
權益：保留盈餘、股利與其他權益

問答題

1. 公司係依照股東持股比例決定在其將盈餘分配給股東時，每位股東各獲分配多少元。

2. 期初保留盈餘 + 本期淨利 – 現金股利 – 股票股利 = 期末保留盈餘

3. 每股盈餘 = 淨利 ÷ 加權平均流通在外股數

4. 每股盈餘是指持有一股的普通股股份可分享多少當期盈餘，

    $$每股盈餘 = \frac{本期淨利}{加權平均流通在外普通股股數}$$

    如果有發行特別股票，分子應減去特別股利。

5. 股利宣告日保留盈餘 = 去年初保留盈餘 +(去年度淨利 – 去年度現金股利)
    因
    (1) 芬恩企業股東僅獲分配去年度獲利半數之股利 (本年度六月初股東會所決議分配)，故餘額較去年初增加。
    股利宣告日保留盈餘 = 去年初保留盈餘 + 去年度芬恩企業淨利 / 2 ；
    (2) 格瑞拉企業於去年度虧損，其保留盈餘的餘額會減少。

6. 每股盈餘 =（淨利 – 特別股現金股利）÷ 加權平均流通在外股數
    (1) 當普通股現金股利增加時，每股盈餘<u>不變</u>。請同學小心，每股盈餘式中分子是扣減「特別股現金股利」，而非「普通股現金股利」。

(2) 特別股現金股利增加時，每股盈餘會<u>減少</u>。因為每股盈餘式中分子須扣減「特別股現金股利」。

(3) 股票股利增加時，每股盈餘會<u>減少</u>。因為股票股利增加時，每股盈餘式中分母的流通在外股數增加。

7. 「股票股利」的宣告與發放不會造成公司資產或是負債的增減，只是讓公司股數增加。發放股票股利會造成保留盈餘減少，投入資本中的股本同額增加。
「股票分割」對公司的實質影響也很近似，只是讓公司股數增加，也不會因而改變公司的資產或是負債。另外，股票股利會使保留盈餘減少，股本增加；而股票分割則無此影響(投入資本中的股本不變，每股面額等比例減少)。股票分割時，不作分錄，只需作備忘記錄。

8. (1) 在**小額股票股利**宣告日，公司應作分錄，借記減少保留盈餘、貸記增加待分配股票股利與資本公積—普通股發行溢價。

(2) 在**大額股票股利**宣告日，公司應作分錄，借記減少保留盈餘、貸記增加待分配股票股利。
在**小額或大額股票股利發放時**，企業之待分配股票股利會轉為普通股股本，均會使其保留盈餘減少，股本增加。故股票股利之分配，或稱為「盈餘轉增資」。

9. 名詞解釋：

(1) **總資產報酬率**表彰企業每動用一塊錢資產，可以為債權人與股東兩大資金提供者帶來多少稅後報償：

$$資產報酬率 = \frac{利息費用\,(1-稅率) + 淨利}{平均總資產}$$

(2) **普通股權益報酬率**則呈現普通股股東每提供一塊錢資金，可以獲得多少稅後報償：

$$普通股權益報酬率 = \frac{淨利 - 特別股股利}{平均普通股權益}$$

(3) **股利率**是投資人於期初每動用一元購買股票，在一年當中可獲取多少百分比的現金股利：

$$股利率 = \frac{每股股利}{期初每股股價}$$

(4) **本益比**則顯示在一年當中企業每賺取一元盈餘,投資人於期初需要花多少錢購買股票:

$$本益比 = \frac{期初每股股價}{每股盈餘}$$

實務上也有許多人是計算目前的每股價格對每股盈餘比率,即:

$$本益比 = \frac{目前之每股股價}{每股盈餘}$$

(5) 企業的**股票市場報酬率**包括 (1) 投資期間內股價上漲百分比率,即資本利得比率,以及 (2) 股利率:

$$資本利得比率 = \frac{期末每股股價 - 期初每股股價}{期初每股股價}$$

$$股票市場報酬率 = \frac{期末每股股價 - 期初每股股價}{期初每股股價} + 股利率$$

$$= 資本利得比率 + 股利率$$

10. 現金股利**宣告日**,企業應借記「保留盈餘」(或未分配盈餘)、貸記「應付股利」。

11. **除息日**不必作分錄,只需要作備忘記錄,因為該日只是確認股息應該發給誰,公司發放的義務(應付現金股利)總額是不變的。

12. 不會,在納入計算因稀釋效果潛在可能增加之普通股數後所得到「每股盈餘」數額如果高於其「基本每股盈餘」,則「稀釋每股盈餘」應列示「基本每股盈餘」數額。

13. 皆會使公司資產減少,因為 (假設財產股利標的資產項目是企業之有價證券投資)

發放現金股利:			發放財產股利:		
宣告日:					
保留盈餘(或未分配盈餘)	×××		保留盈餘(或未分配盈餘)	×××	
應付股利		×××	應付財產股利		×××
發放日:					
應付股利	×××		應付財產股利	×××	
現金		×××	有價證券投資		×××

Chapter 16　權益：保留盈餘與股利

由於會減少現金或是財產股利標的資產項目的金額，所以會使公司資產減少。

14. 皆會減少保留盈餘，因為 (假設財產股利標的資產項目是企業之有價證券投資)

發放現金股利：		發放財產股利：	
宣告日：			
保留盈餘（或未分配盈餘）　×××		保留盈餘（或未分配盈餘）　×××	
應付股利　　　　　　　　×××		應付財產股利　　　　　　×××	
發放日：			
應付股利　　　　　　　　　　×××		應付財產股利　　　　　　　　×××	
現金　　　　　　　　　　×××		有價證券投資　　　　　　×××	

因為由上述分錄可得知在宣告日時，不管是發放現金或者是財產股利皆會使保留盈餘減少。

15. 「透過其他綜合損益按公允價值衡量之金融資產(未實現)評價(損)益」以及「國外營運機構財務報表換算之兌換差額」等其他綜合損益項目之累積數，會出現在資產負債表的「其他權益」項目部分

16. 「認購權證」賦予持有人於權證到期日前，以**履約價格**「**認購**」普通股票的權利；「認售權證」賦予持有人於權證到期日前，以履約價格「出售」股票的權利。

選擇題

1. (D)　未分配盈餘是資產負債表項目　　　2. (B)

3. (D)　　　　　　　　　　　　　　　　　4. (D)

5. (D)　「股票股利」會使股本增加，保留盈餘減少，故權益不變。「股票分割」不會使股本或其他任何會計項目增減。

6. (A)　　　　　　　　　　　　　　　　　7. (C)

8. (B)　股價不變而每股盈餘增加，本益比 = 每股股價 ÷ 每股盈餘

9. (B)　除息時股價降低而每股盈餘不變，本益比 = 每股股價 ÷ 每股盈餘

10. (D)　　　　　　　11. (C)　(100 × 9/12) + (120 × 3/12) = 105 股

12. (D)

13. (A) 阿韓所分配之金額
    = [年薪 $1,200 + (期初資本額 $4,000 × 10%)] + [(企業虧損 − $2,000
    − $1,200 − $1,800 − ($4,000 × 10%) − ($6,000 × 10%)) × (3/5)]
    = −$2,000

14. (D)　　　　　　15. (C)　　　　　　16. (B)
17. (B)　　　　　　18. (B)

練習題

1. (1) 本期損益　　　　　　　　　60,000
      　　保留盈餘　　　　　　　　　　　　60,000

   (2) 保留盈餘　　　　　　　　　36,000
      　　本期損益　　　　　　　　　　　　36,000

2. (1) 保留盈餘　　　　　　　　　15,000
      　　法定盈餘公積　　　　　　　　　15,000

   (2) 法定盈餘公積　　　　　　　57,000
      　　保留盈餘　　　　　　　　　　　　57,000

3. 每股盈餘 = $\dfrac{\text{本期淨利}}{\text{加權平均流通在外普通股股數}}$

   本期淨利為 3 億元，流通在外普通股股數為 2 億股，所以

   $\dfrac{3\text{ 億元}}{2\text{ 億股}} = \$1.5\,/\,\text{每股}$

4. 因為

   每股盈餘 = $\dfrac{\text{本期淨利} - \text{特別股股利}}{\text{加權平均流通在外普通股股數}}$

   本期淨利為 $80 億元，特別股股利為：30 億股 × $2 = $60 億元，流通在外普通股為 50 億股

   $\dfrac{\$80\text{ 億元} - \$60\text{ 億元}}{50\text{ 億股}} = \$0.4\,/\,\text{每股}$

5. $9,000 \times \dfrac{8}{12} + 10,000 \times \dfrac{4}{12} = 9,333$ （股）

6. 會造成雲度公司股數增加，將來會有更多的普通股分享盈餘，造成每股盈餘稀釋。

7. (1)

透過損益按公允價值衡量之金融資產—特許晶圓股票	30	
透過損益按公允價值衡量之金融資產損益		30
保留盈餘	150	
應付財產股利		150

(2) 除息日不作分錄，僅作備忘記錄

[補充] 發放日之分錄為

應付財產股利	150	
透過損益按公允價值衡量之金融資產—特許晶圓股票		150

8.

×6/7/7　前期損益調整	600	
應付租金		600

9. (1)

保留盈餘	1,320,000	
應付股利		1,320,000

(2) 不作分錄

(3)

應付股利	1,320,000	
現金		1,320,000

應用問題

1. (1) 其股東共可獲分配現金股利
　　　= 每股現金股利 × 股數
　　　= 每股現金股利 $1 × (股本 10 萬元 ÷ 每股面額 $10)
　　　= 1 萬元

(2) 現金股利宣告日分錄

　　　　保留盈餘　　　　　　　10,000
　　　　　　應付股利　　　　　　　　　　　10,000

(3) 除息日不作分錄，僅作備忘記錄

(4) 現金股利發放日分錄

　　　　應付股利　　　　　　　10,000
　　　　　　現金　　　　　　　　　　　　　10,000

2. 股東所得股票股利
　　= 每股面額 × 股票股利分配股數
　　= 每股面額 $10 × (股本 40 萬元 × 30% ÷ 每股面額 $10)
　　= 12 萬元

3. (1) 股票股利分配股數
　　　= 股本 20 萬元 × 30% ÷ 每股面額 $10
　　　= 6000 股

(2) 股票股利宣告日分錄為

　　　　保留盈餘　　　　　　　60,000
　　　　　　待分配股票股利　　　　　　　60,000

(3) 除權日不作分錄，僅作備忘記錄

(4) 股票股利分配日分錄

　　　　待分配股票股利　　　　60,000
　　　　　　普通股股本　　　　　　　　　60,000

4. (1) 股東所得股票股利
　　　= 每股面額 × 股票股利分配股數
　　　= 每股面額 $10 × (股本 20 億元 × 總股數增加 10% ÷ 每股面額 $10)
　　　= $2 億元

(3) 股票股利宣告日分錄為

　　　　保留盈餘　　　　　　200,000,000
　　　　　　待分配股票股利　　　　　　　　200,000,000

除權日不作分錄，僅作備忘記錄

股票股利分配日分錄

待分配股票股利	200,000,000	
普通股股本		200,000,000

5. 或許波曼香水在先前因故意或過失侵害到他人之權利，負損害賠償責任。故指撥損害賠償準備，需要動用資金 $420，故為此特定用途，曾自保留盈餘中指撥 $420，作為特別盈餘公積。現已完成損害賠償或是認定不再需要做該項損害賠償，故解除對於保留盈餘之限制。

6. 每股盈餘 = $\dfrac{\text{本期淨利}}{\text{加權平均流通在外普通股股數}}$ = ($100 – $14) ÷ 20 = $\underline{\$4.3}$

7. (1) 以專利權攤銷費用少提列 $1,000 為例，此一錯誤造成 ×6 年度的「攤銷費用」虛減 $1,000，如果不考慮稅負，×6 年度的「淨利」因而虛增 $1,000；同時，×6 年底的「專利權」虛增 $1,000。

   (2) ×7 年 7 月 20 日分錄

前期損益調整	1,000	
專利權		1,000

   (3) 對 (2) 之「前期損益調整」結轉至期初保留盈餘

保留盈餘	1,000	
前期損益調整		1,000

會計達人

1. (1) (淨利 $290,000 – 特別股利 $50 × 2,000 股) ÷ 流通在外普通股數 10,000 = $19

   (2) 淨利 $100,000 ÷ [全年都流通在外普通股數 12,000 + 現金增資增加發行股數 3,000 × (2 個月/ 12 個月)] = $8

2. (1) 股東所得股票股利面額共為 = 每股面額 × (股本 ÷ 每股面額 × 56%)
   = $10 × 0.168 億新股 = 1.68 億元

   (2) 股票宣告日作分錄

保留盈餘	1.68 億	
待分配股票股利		1.68 億

除權日不作分錄

發放日分錄：

待分配股票股利	1.68 億	
普通股股本		1.68 億

3. (1) 特別股積欠股利 $= \$50 \times 2,000 \times 0.08 \times 2 = \$16,000$

   (2) 特別股當年股利 $= \$50 \times 2,000 \times 0.08 = \$8,000$

   (3) 特別股當年可參加分配之金額超過其票面股利部分

   $= \$50 \times 2,000 \times (0.10 - 0.08)$
   $= \$2,000$ (因普通股當年分配率達 11.5%)

   (4) 普通股當年分配股利數 $= \$1.15 \times 35,000 = \$40,250$

   以上合計為 $66,250，故宣告之現金股利總額為 $66,250

4. 加權平均流通在外普通股股數 $= 3,500 \times 4/12 + 6,500 \times 4/12 + 5,000 \times 4/12$
   $= 5,000$

   普通股每股盈餘 $= (\$40,000 - \$250,000 \times 8\%) / 5,000 = \$4$

5. (1) $\$2,500,000 - \$400,000 = \underline{\$2,100,000}$

   (2) $(\$2,100,000 - \$100,000) / 1,000,000 = \$2$

   (3) $\$4,300,000 + \$2,100,000 - (\$1 \times 100,000) - (\$0.8 \times 1,000,000) = \$5,500,000$

   (4) 現金股利宣告

保留盈餘	900,000	
應付股利—特別股		100,000
應付股利—普通股		800,000

   現金股利發放

應付股利—特別股	100,000	
應付股利—普通股	800,000	
現金		900,000

6. (1) 這些錯誤對折舊費用、累計折舊、應付銷貨運費、銷貨運費項目會有影響。

影響程度為綜合損益表與資產負債表分別使得淨利少計 $145（因為折舊費用多提列 $100、銷貨運費多記 $45）、負債多計 $45、資產少計 $100。

(2) 累計折舊　　　　　　　　　　　100
　　　應付銷貨運費　　　　　　　　　　45
　　　　前期損益調整　　　　　　　　　　　　　　　145

(3) 前期損益調整　　　　　　　　　145
　　　保留盈餘　　　　　　　　　　　　　　　　　145

(4)

武技企業公司
保留盈餘表
×8 年度

期初保留盈餘	$3,700
前期損益調整數	145
更正後之期初保留盈餘	$3,845
加：本期淨利	1,200
減：現金股利	(400)
減：股票股利	(400)
×8 年底期末保留盈餘	$4,245

Chapter 17
現金流量表

問答題

1. 企業編製現金流量表,是採用現金基礎。

2. 企業編製綜合損益表,是採用應計(權責發生)基礎。

3. 企業現金流量表中會使現金流量增減的活動可分為營業活動、投資活動及籌資活動三大類。

4. 營業活動之現金流量包括影響當期損益的交易,及投資與籌資活動以外的交易及其他事項所造成的現金流入與流出。

5. 使企業現金流量增加的營業活動有:(1) 現金銷售商品;(2) 應收帳款收現;(3) 預收貨款;(4) 權利金現金之收取;(5) 收回存出保證金;(6) 收取存貨保險理賠款等。

6. 使企業現金流量減少的營業活動有:(1) 現金購買商品原料;(2) 償還應付帳款;(3) 預付貨款;(4) 支付薪資;(5) 支付各項營業費用;(6) 交易目的合約之支付等。

7. 約當現金指短期並具高度流動性之投資,該投資可隨時轉換成定額現金且價值變動之風險甚小。因此,通常只有短期內(例如,自取得日起三個月內)到期之投資方可視為約當現金。權益投資排除在約當現金之外,除非其實質即為約當現金,例如取得短期內到期且有明確贖回日期之特別股。由於三年期之定存明顯不符合短期之定義,故不可以列為約當現金。

8. 將利息、所得稅、股利相關之收益費損項目對本期淨利之影響消除,再另就利息、所得稅及股利相關之現金流量單獨列示為營業活動的現金流入或流出。

9. 利用直接法計算營業活動之現金流量,是將應計基礎之綜合損益表換成現金基礎之損益表,直接列示當期營業活動所產生之各項現金流入的來源及現金流出的去處。

10. 不論是以直接法或間接法表達，現金流量表中營業活動之現金流量金額都相等。

11. 投資活動係指取得或處分長期資產及其他非屬約當現金活動項目之投資活動，如取得與處分非營業活動所產生之債權憑證（例如：公司債）、權益證券（例如：股票）、不動產、廠房及設備（例如：機器設備）、天然資源（例如：油礦）、無形資產（例如：專利權）及其他投資等。
   投資活動之現金流量 ＝ 本期出售長期資產價款 － 本期購置長期資產耗用金額。

12. 籌資活動包括業主投資、分配予業主、與籌資性質債務的舉借及償還等。籌資活動之現金流量 ＝(本期發行公司債券或新增借款獲得資金 － 本期償還公司債或借款耗用資金) ＋ (業主投資或發行新股獲得資金 － 本期買回股票耗用資金 － 本期現金股利)
   〔依國際會計準則，(1) 股利支出除了依照本題列為籌資活動的現金流出，還可以列為營業活動的現金流出；(2) 利息支出除了依照本題列為營業活動的現金流出，還可以列為籌資活動的現金流出。〕

13. (1) 發行新股屬於籌資活動之現金流入
    (2) 購買設備屬於投資活動之現金流出
    (3) 購買其他企業股票，增加長期投資屬於投資活動的現金流出
    (4) 出售所持有企業股票，減少長期投資屬於投資活動的現金流入

14. (1) 出售設備屬於投資活動之現金流入
    (2) 支付現金股利屬於籌資活動或營業活動之現金流出
       〔註：因為支付之股利為取得財務資源之成本，故得分類為籌資現金流量。為幫助使用者決定企業以營業現金流量支付股利之能力，支付之股利亦得分類為來自營業活動現金流量之組成部分。〕
    (3) 清償應付公司債屬於籌資活動之現金流出
    (4) 實施庫藏股票，買回本企業原已流通在外股票屬於籌資活動之現金流出

15. 「改良式間接法」現金流量表與原本間接法現金流量表之主要差異，在其調整方式係先將與利息、股利與所得稅相關之收益費損項目對本期淨利之影響消除，再另就利息、股利與所得稅相關之現金流量單獨列示為營業活動現金流入或流出。「改良式間接法」編製之現金流量表係由稅前淨利，亦即加回所得稅費用之本期淨利開始，其調整項目除包括間接法之原有項目外，尚須加回利息費用、減去利息與股利收入後，得到「營運產生之現金」一項，之後再加上收取股利與利息之現金流入，減去支付所得稅、股利與利息之現金流出後，即為營業活動之現金流量。

選擇題

1. (B)   2. (D)   3. (B)
4. (C)   5. (A)   6. (A)
7. (C)   8. (C)   9. (D)
10. (C)   11. (B)   12. (A)

13. (A)　間接法編製現金流量表時，是為了避免重複計算而加回出售資產利得

14. (D)

15. (B)　淨利 $4,000 + 預期信用減損損失 $2,000 + 存貨減少數 $2,800 – 應收帳款淨額增加數 $3,200 = 營業活動之淨現金流入 $5,600

16. (D)

17. (A)　$300,000 + $36,000 – $18,000 – $12,000 – $30,000 = $276,000

18. (A)

19. (D)　$200,000 + $50,000 – $35,000 – $10,000 + $20,000 = $225,000

20. (D)　出售設備利益 $18,000 + (原始成本 $64,000 – 出售當時之累計折舊 $48,000) = $34,000

練習題

1. (1) 籌資活動之現金流出　　(2) 投資活動之現金流出
   (3) 營業活動之現金流出　　(4) 營業活動之現金流出

2. (1) 籌資活動之現金流入　　(2) 籌資活動之現金流入
   (3) 籌資活動之現金流入　　(4) 營業活動之現金流入

3. 本期銷貨收入增加，不代表本期從客戶收現金額增加，如下列公式所示，因為需考慮到本期預收貨款之變動數 (例如應該加上其增加數) 及本期應收款項之變動數 (例如應該減去其增加數)。

$$\text{本期從顧客收現金額} = \text{本期銷貨收入} - \text{本期應收款項變動數} + \text{本期預收貨款變動數}$$

4. 本期自供應商進貨增加，不代表本期支付供應商金額增加，因為如下列公式所示，

需考慮到本期應付帳款之變動數。

$$\text{本期支付供應商現金金額} = \text{銷貨成本} + \text{本期存貨變動數} - \text{本期應付帳款變動數}$$

5.
$$\underset{\text{收現金額}}{\text{本期從顧客}} = \underset{\$400}{\text{本期銷貨收入}} - (\underset{\$240}{\text{期末應收餘額}} - \underset{\$300}{\text{期初應收餘額}})$$
$$= \$460$$

6.
$$\underset{\text{應商貨款}}{\text{本期支付供}} = \underset{\$2,400}{\text{銷貨成本}} + (\underset{\$2,880}{\text{期末存貨}} - \underset{\$2,560}{\text{期初存貨}})$$
$$- (\underset{\$480}{\text{期末應付帳款}} - \underset{\$800}{\text{期初應付帳款}})$$
$$= \$3,040$$

7. ($1,200 − $1,080) − $40 = $80

8. 假設該公司將支付現金股利列為籌資活動現金流出，則籌資活動現金流 = $10,000 − $1,000 − $500 = $8,500 (流入)

9.
$$\text{現金再投資比率} = \frac{\text{營業活動淨現金流量} - \text{普通股現金股利}}{\text{平均總資產}}$$

根據上述公式可發現總資產大幅降低，營業活動淨資金流量大幅提升，現金股利顯著減少、分母下降、分子上升，所以會使現金再投資比率增加。

10.
$$\text{現金流量涵蓋比率} = \frac{\text{營業活動之現金流量}}{\text{平均流動負債}}$$

由上述公式可發現流動負債大幅增加，營業活動淨資金流量大幅減少，使得分母上升，分子下降，使得現金流量涵蓋比率下降。

應用問題

1. 企業自顧客處收現金額 = 銷貨收入 – 應收帳款增加數額
   = $800 – ($480 – $600)
   = $920

2. 支付供應商貨款金額 = 銷貨成本 + 存貨增加數額 – 應付帳款增加數額
   = $8,600 + ($720 – $640) – ($3920 – $3,800)
   = $8,560

3. 投資活動之現金流量 = $600 + $1,000 – $400 – $400
   = $800

4. (1) 處分設備損益 = 得款 $40 – (帳列成本 $144 – 累計折舊 $96)
       = – $8

   (2) 新設備成本 = $240 – ($192 – $144) = $192

   (3) ×3 年度設備之折舊費用 = $72 – ($120 – $96) = $48

   (4) 營業活動之現金流量：

折舊費用	$48
出售(處分)資產損失	8

   投資活動之現金流量：

出售設備	$40

   另外宜在財報附註 (非在現金流量表) 列示不影響現金流量之重大投資活動

以兩年期票據購入設備	192

5. 籌資活動之現金流量 = 現金增資發行新股共獲得 $370
   + 發行公司債券共獲得 $98 – 支付現金股利 $8
   – 購買庫藏股票共付出 $6
   = $454

會計達人

1. (1)

<table>
<tr><td colspan="3" align="center">魯休思公司
現金流量表（間接法）
×8 年度</td></tr>
<tr><td colspan="3">營業活動之現金流量：</td></tr>
<tr><td>　稅前淨利</td><td></td><td>$90,800</td></tr>
<tr><td>　調整項目</td><td></td><td></td></tr>
<tr><td>　　折舊</td><td></td><td>17,200</td></tr>
<tr><td>　　利息費用</td><td></td><td>2,000</td></tr>
<tr><td>　　股利收入</td><td></td><td>(6,000)</td></tr>
<tr><td>　　出售資產損失</td><td></td><td>16,000</td></tr>
<tr><td>　　應收帳款減少</td><td></td><td>24,000</td></tr>
<tr><td>　　存貨增加</td><td></td><td>(20,000)</td></tr>
<tr><td>　　預付費用減少</td><td></td><td>1,000</td></tr>
<tr><td>　　應付帳款增加</td><td></td><td>23,000</td></tr>
<tr><td>　　應付薪資減少</td><td></td><td>(2,000)</td></tr>
<tr><td>　　預收貨款增加</td><td></td><td>1,600</td></tr>
<tr><td>　營運產生之現金：</td><td></td><td>$147,600</td></tr>
<tr><td>　　支付利息</td><td></td><td>(2,000)</td></tr>
<tr><td>　　支付所得稅</td><td></td><td>(18,000)</td></tr>
<tr><td>　　股利收入</td><td></td><td>6,000</td></tr>
<tr><td>　營業活動之淨現金流入</td><td></td><td>$133,600</td></tr>
<tr><td>投資活動之現金流量：</td><td></td><td></td></tr>
<tr><td>　出售設備收現</td><td>$57,600</td><td></td></tr>
<tr><td>　購買設備付現</td><td>(60,000)</td><td>(2,400)</td></tr>
<tr><td>籌資活動之現金流量：</td><td></td><td></td></tr>
<tr><td>　償還長期應付票據付現</td><td>$(50,000)</td><td></td></tr>
<tr><td>　支付現金股利</td><td>(61,200)</td><td></td></tr>
<tr><td>　發行普通股票收現</td><td>20,000</td><td>(91,200)</td></tr>
<tr><td>本期現金及約當現金增加數</td><td></td><td>$40,000</td></tr>
<tr><td>期初現金及約當現金數</td><td></td><td>90,000</td></tr>
<tr><td>期末現金及約當現金餘額</td><td></td><td>$130,000</td></tr>
</table>

(2) (a) 現金流量涵蓋比率 = $\dfrac{\$133,600}{\$76,300}$ = 1.75

平均流動負債 = [($52,000 + $30,000 + $5,600) + ($29,000 + $32,000 + $4,000)] ÷ 2
= $76,300

(b) 平均總資產 = ($576,000 + $571,800) ÷ 2 = $573,900

現金再投資比率 = $\dfrac{\$133,600 - \$61,200}{\$573,900}$ = 0.13

(c) 現金流量允當比率 = $\dfrac{\$280,000}{(\$150,000 + \$20,000 + \$76,000)}$ = 1.14

2.

灰背公司
現金流量表
×1 年度

營業活動之現金流量：		
本期淨利		$58
折舊	$60	
存貨增加	(36)	
流動負債減少	(20)	
處分設備損益	(8)	(4)
營業活動之淨現金流入（出）		$54
投資活動之現金流量：		
出售設備		48
購買設備 [620 − (480 − 160)]		(300)
籌資活動之現金流量：		
現金股利發放		(40)
發行普通股 [700 − 400]		300
現金淨增加數（減少）		$62
期初現金餘額		50
期末現金餘額		$112

3. (1) ×8年之現金流量金額 = (×8年底現金餘額) − (×7年底現金餘額)

　　　　故×8年之現金流量 = $2 − $4 = −$2

　(2) 營業活動之現金流量：

稅前淨利	$ 12
出售設備損失	20
折舊	10
應收帳款減少	2
存貨增加	(2)
應付帳款增加	2
應付所得稅增加	2
營運產生之現金	$46
支付所得稅	(2)
營業活動之淨現金流入	$44

4. 現金流量表應包含營業活動、投資活動、籌資活動之現金流量變化外，另外宜在財報附註(不是在現金流量表)列示不影響現金流量之重大投資、籌資活動考慮。

　(1) 直接法：

　　　營業活動之現金流量：

自顧客收得現金	$370
支付供應商現金	(184)
支付營業費用	(72)
淨現金流入	$114

　(2) 間接法：

　　　營業活動之現金流量：

淨利	$80
折舊	20
應收帳款減少	10
存貨增加	(6)
預付費用增加	(4)
應付帳款增加	12
應計負債增加	2
淨現金流入	$114

5. (1) 直接法：

　　營業活動之現金流量：

　　　　自顧客收得現金　　　　$1,150
　　　　支付供應商現金　　　　 (382)
　　　　支付營業費用　　　　　 (144)
　　　　淨現金流入　　　　　　 $624

(2) 間接法：

　　營業活動之現金流量：

　　　　淨利　　　　　　　　　$580
　　　　折舊　　　　　　　　　 80
　　　　應收帳款增加　　　　　 (50)
　　　　存貨減少　　　　　　　 60
　　　　預付費用增加　　　　　 (40)
　　　　應付帳款減少　　　　　 (42)
　　　　應計負債增加　　　　　 36
　　　　淨現金流入　　　　　　$624

6. (1)

本期自顧客處收現金額
　= 本期銷貨收入 – 本期應收帳款 (或票據) 變動數
　= 本期銷貨收入 $10,640 – (期末應收帳款 $1,650 – 期初應收帳款 $1,946)
　= $10,936

本期收受利息金額
　= 本期利息收入 – 本期應收利息變動數
　= 本期利息收入 $242 – (期末應收利息 $36 – 期初應收利息 $42)
　= $248

本期支付供應商現金金額
　= 銷貨成本 + 本期存貨增加數 – 本期應付帳款增加數
　= 銷貨成本 $8,360 + (期末存貨 $2,692 – 期初存貨 $2,360) – (期末應付帳款 $1,408 – 期初應付帳款 $1,286)
　= $8,570

薪資付現
　= 薪資費用 – 本期應付薪資增加數
　= 薪資費用 $564 – (期末應付薪資 $136 – 期初應付薪資 $108)
　= $536

支付利息
　= 利息費用 – 本期應付利息增加數
　= 利息費用 $416 – (期末應付利息 $66 – 期初應付利息 $60)
　= $410

支付所得稅
　= 所得稅費用 – 本期應付所得稅增加數
　= 所得稅費用 $236 – (期末應付所得稅 $168 – 期初應付所得稅 $142)
　= $210

支付其他營業費用
　= 其他營業費用 – 本期應付費用變動數 + 本期預付費用變動數
　= 其他營業費用 $308 – (期末應付費用 $34 – 期初應付費用 $52) + (期末預付費用 $70 – 期初預付費用 $52)
　= $344

自銷售客戶處收現	$10,936
支付進貨供應商貨款	(8,570)
支付員工薪資	(536)
支付其他銷售、管理、研發等營業費用	(344)
收受利息	248
支付利息	(410)
支付所得稅	(210)
營業活動之淨現金流入	$ 1,114

(2) 改良式間接法

派西公司
營業活動現金流量表
×2 年度

營業活動之現金流量：	
稅前淨利	$946
折舊	180
出售設備損失	108
利息收入	(242)
利息費用	416
應收帳款減少	296
存貨增加	(332)
預付費用增加	(18)
應付帳款增加	122
應付薪資增加	28
應付費用減少	(18)
營運產生之現金	$1,486
支付利息	(410)
收受利息	248
支付所得稅	(210)
營業活動之淨現金流入：	$1,114

7. (1) $7,600 − $2,400 − $1,200 + $120 + $80 − $400 = $3,800 (現金流入)

  (2) $1,800 − $1,120 − $280 = $400 (現金流入)

  (3) $3,200 − $1,400 − $200 = $1,600 (現金流入)

  (4) $1,200 + $3,800 + $400 + $1,600 = $7,000